ブックレット〈書物をひらく〉30

八王子に隕（お）ちた星

古文書で探る忘れられた、

森融

平凡社

八王子に隕ちた星(お)——古文書で探る忘れられた隕石［目次］

はじめに

令和二年（二〇二〇）七月二日午前二時三十二分頃、関東地方を西から東へ火球が飛び、隕石（いんせき）が落下したことは記憶に新しい。千葉県習志野市と船橋市の計三カ所から隕石が発見されたが、さらに大きな破片が落ちている可能性があるといわれている。

また平成二十五年（二〇一三）二月十五日にはロシアのチェリャビンスクで広範囲に隕石の雨が落下し、衝撃波で建物が壊され、割れたガラスで多くの人が負傷した。

このように、突然に落下して人々を驚かせ、また被害をもたらす隕石が約二百年前の江戸時代、江戸近郊の八王子と付近の村々に落ちたことは、しかしほとんど知られていない。不思議なことに、地元の八王子でもすっかり忘れ去られているのである。

八王子に落ちた隕石については国立科学博物館のホームページの「日本の隕石リスト」に掲載されている（一〇一―一〇二頁）。

五十四の落下例のなかで五番目に古く、江戸時代の一八一七年十二月二十九日

（文化十四年）に落下。表を見ていくと、総重量が「?」で、個数が「多数」となっている。

これらがどういうことであるのか、落下時の状況や、なぜ忘れ去られてしまったのかを古文書の記載から解き明かしていきたい。

ところで隕石とは何か。隕石とは小惑星が落下したものである。▲太陽系内の火星の軌道の外側、木星の軌道の内側に、小惑星帯と呼ばれる領域がある。太陽から約三億kmから五億kmのところのことで、ここには多くの小惑星が公転している。加えて、さらに多くの小惑星が火星軌道と木星軌道の間に広がっており、楕円の軌道で地球の軌道の内側まで入る軌道を持つものもある。▲

小惑星は約四十六億年前に太陽系が出来はじめた頃に惑星になりかけた原始惑星であったものや、原始惑星同士が衝突して壊れたものである。地球や太陽系の年齢が約四十六億年というのも、じつはこの小惑星からの隕石を分析したことによるのである。

さて、隕石がどこから飛んで来るのかは、長年わからなかった。しかし、一九五九年、チェコに落下したプシーブラム隕石が、落下時に写真撮影され、軌道が計算され、これによって小惑星帯に起源があることが確認された。▲以降、いくつかの隕石の軌道が計算され、隕石は小惑星帯から来ると考えられ

隕石とは……　隕石と流星は混同されやすい。流星も同様に火球となって飛行するが、隕石が主に小惑星が落下したものであるのに対し、流星は宇宙空間のチリで、大きくても一～三cmで、大気中で燃え尽きる。地上まで石が届くのが隕石、届かないのが流星である。

楕円軌道の小惑星　小惑星探査機「はやぶさ」、「はやぶさ2」が目指したイトカワやリュウグウもこのような楕円軌道の小惑星である。現在、軌道が確定され、番号がつけられている小惑星は百三十万個を超えている（二〇二三年十月、国際天文学連合小惑星センターの小惑星のホームページより）。

てきた。

二〇一〇年、はやぶさのカプセルが地球に帰還して、小惑星イトカワの微粒子が分析された。そしてこれにより隕石は小惑星が落下したものであることが証明されたのである。

さて、隕石の種類は石の質によって大きく三種類に分けることができる。①岩石質の石質(せきしつ)隕石、②岩石質と金属が入り混じった石鉄(せきてつ)隕石、③金属質の鉄(てつ)隕石▲である。

原始惑星は大きくなると内部が溶けて、重いものが中心に沈み、軽いものは表面に上昇する。これが衝突で分裂すると、さまざまな材質の小惑星が太陽系内に広がることになる。原始惑星の表面近くであったものが石質隕石、中心部であったものが鉄隕石、境界あたりであったものが石鉄隕石である。

石質隕石には二種類あり、球粒(きゅうりゅう)と呼ばれる小さな丸い粒が入っているものが球粒隕石、入っていない隕石が無球粒隕石である。無球粒隕石は一度溶けた原始惑星の表面近くであったもの。球粒隕石は「始原的な隕石」とも呼ばれ、あまり熱を受けず、溶けた形跡のない隕石で、約四十六億年前に太陽系ができた頃の物質そのままのものと考えられている。

本書の主題、八王子隕石は、この球粒隕石に分類されている。

隕石の軌道計算と起源　現在では火球を観測・撮影するネットワークが構築されており、火球が出現すると、数地点で撮影された画像から軌道が計算され、発光地点、消失地点と、それぞれの高度、隕石落下地の予測、さらに軌道が確定している小惑星のなかから、落下した候補の小惑星まで算出されている。

鉄隕石　鉄隕石は鉄の純度が高いため、人類が初めて鉄を利用したのは、鉄隕石を加工したのではないかと考えられている。以前に古代エジプトのツタンカーメン王の墓から発掘されていた鉄剣が、最近の分析によって鉄隕石から作られたものであることが判明した。

八王子隕石の落下については古くから知られており、『地質学雑誌』二巻（一八九五年）に「本邦の隕石略記」として「文化十四年十一月廿二日（西暦千八百十七年十二月二十九日）江戸に於て未刻頃飛物あり、其声雷の如く、武州多摩郡八王子、横山宿の内子安宿字上野原金剛院近傍の畑へ隕落す、其大さ長三尺、横五六寸、厚五六寸にして、外部は焼たるか如く、黒色を帯ひたり」と記載がある。出典は「内務省地理局が編纂したものの大要を略記したもの」としている。記事の典拠となる日記や随筆についての記載はない。

早稲田大学講師の滝口宏氏は雑誌『天界』二二巻二五八号（一九四二年）に「文化14年十一月の隕石」として『擁書楼日記』『武江年表』『甲子夜話』の内容を引用し、さらに滝口氏が調査した下総国分寺文書のなかに、八王子隕石について、八王子宿等から江戸の代官へあてた届出書の写しを発見、その内容を記載している。

ここまでは、八王子に落下した隕石の実物が見つかっていない状況下での論文であったが、その後、八王子隕石と考えられる小片が発見された。

元東京天文台（国立天文台の前身）の神田茂氏（昭和十八年（一九四三）に退官）は「日本、朝鮮、中国の隕石について」▲（一九五二年）の中に、日本隕石表を載せて、「今回の表で追加したものは笹ケ瀬、八王子、在所、玖珂の4個である」と

▲「日本、朝鮮、中国の隕石について」『横浜国立大学理科紀要 第二類 生物学・地学』一号、九七—一〇六頁、一九五二年三月二十五日。

記載している。さらに八王子隕石の解説の部分では、

文化14年11月22日（1817年12月29日）八王子から南東数個所に隕石が落ちた。桑都日記、擁書楼日記、海録等の随筆に記されており、5個所以上に落ちたと思われる。隕石は相当に大きいものであったと思われるが、その大部分は幕府に差出したもののようである。十数年前八王子附近について調査したが原石は全く得られなかった。京都の土御門家に伝えられる書類の中に極めて小さい八王子隕石の破片（1g以内）らしいものを見出した。

とあり、これが隕石の破片のことを記した最初の論文である。また実際に八王子で調査をしたことがわかる。

国立科学博物館理化学研究部長であった村山定男氏は、この小片を分析し、八王子隕石の落下からちょうど百五十年の一九六七年に「150年前の隕石雨——八王子隕石の話▲」を発表した。そして『擁書楼日記』、『松屋筆記』、『海録』、『猿著聞集』等の記載について考察し、隕石が落ちた場所を1上野原金剛院の畑、2八幡宿、3小門宿、4大和田川原、5高倉野（日野の原）、6堀内村、寺沢村、7落合村としている。

「150年前の隕石雨——八王子隕石の話」国立科学博物館『自然科学と博物館』三四巻九・一〇号、一六三―一七〇頁、一九六七年。

本書の筆者は昭和六十一年（一九八六）頃に八王子隕石のことを知り、新たな古文書と八王子隕石の実物を探してきた。平成元年（一九八九）に開館した八王子市こども科学館に配属になり、以降、八王子隕石の特別展を開催するなどして、八王子隕石について普及に努め、隕石実物の調査を呼びかけてきた。これによって新たな古文書をいくつか発見してきたが、実物は現在まで発見できないでいる。

本書では村山氏の論文以降に発見した古文書の記載内容も合わせて、さらに踏み込んで、隕石落下時の目撃談や落下の状況、落下後など、落下の全容を考察する。

ところで「隕」の字は「落ちる」「死ぬ」という意味である。辞書には用語例が記載されているが、通常、使用されている熟語は「隕石」「隕鉄」など隕石に関わるものしかない。

以降、江戸時代の日記や随筆の内容について解説するが、「隕石」と書かれているものは非常に少ない。当時の人々が、突然に空から落ちて来た石をどのようにとらえていたのか、石の表現にも注目してお読みいただきたい。

火球　明るい流星のこと。マイナス四等級より明るいものを火球と呼ぶ。流星物質は秒速数十㎞という猛スピードで地球の大気に衝突して高温となり、蒸発した流星物質や通り道の大気の原子や分子を光らせる。これが流星として見えるのである（よく「大気との摩擦で光る」といわれるが、これは正しくない）。隕石や流れ星が尾を引くように見えるのは、隕石が通過後も、まわりの大気が光っているからである。流星物質は大きさが数㎝以下であるため燃え尽きるが、隕石は大きいため地上から発光している状態が見える。

衝撃波　物体が音速を超えて飛行する時に発生する圧力波（ショックウェーブ）。衝撃波が伝わると減衰し

一▶火の玉、空中を飛ぶ——江戸での目撃

隕石は火球▲（明るい流星）となって飛行する。また隕石は飛行中に音速を超えた場合、衝撃波▲を発する。衝撃波を発した地点の近くでは「バーン」という音が聞こえる。これが遠くに伝わると「ゴロゴロゴロ」という雷のような音と「ズシン」という震動（振動）となる。

商家の業務日誌と浮世絵師の証言

江戸（東京）日本橋のすぐ北側にあった越後屋江戸本店の業務日誌『永聴記』▲文化十四年（一八一七）十一月の項に次の記載がある。

廿二日晴天　未下刻震動、空中怪物通ル

（二十二日、晴天、未の下刻、震動がして、空中を怪しいものが通った。）

文化十四年十一月二十二日は、西暦では一八一七年十二月二十九日、冬至を少し過ぎているが、日の入りがいちばん早い時期である。

て音波となり、轟くような大音響（ソニックブーム）が聞こえる。隕石は秒速数十km以上という速い速度で大気圏に突入するため衝撃波を生じる。その衝撃波が地表に到達したとき、轟音が聞こえる。よく爆発音と呼ばれるが、爆発した音ではない。大音響（ソニックブーム）が地上に到達する頃には、隕石は音速で飛行した場所からさらに先に行っている。音が聞こえた時には隕石は先に行っているため、もう見えない。同じ意味で、火球の目撃から遅れて衝撃波が地上に到達する。ロシアのチェリャビンスク隕石の場合は、火球が通り、多くの人々が窓辺に見に集まったため、遅れてやって来た衝撃波が窓ガラスを破壊し、多くの人々がガラスで怪我をすることとなった。

越後屋江戸本店の業務日誌『永聴記』　越後屋（三井）江戸本店の業務日誌で、ほぼ毎日記載がある。所在地は現在の東京都中央区日本橋室町、三井本館がある場所である。

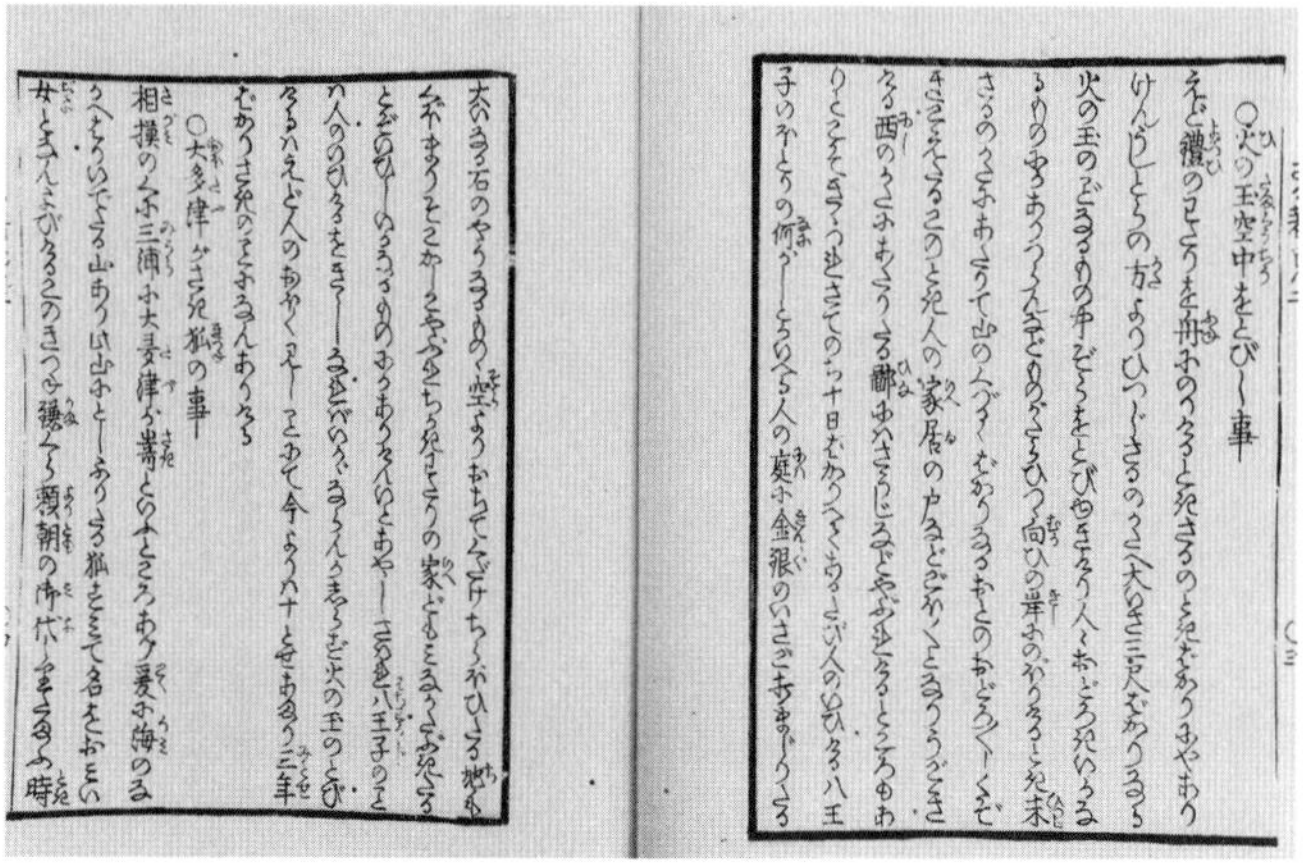

図1　『猿著聞集』「火の玉空中をとびし事」（文政11年11月刊）

怪しいものが飛んだ時刻▲は未の下刻なので、今で言うと午後一時五十分から午後二時三十分ころにあたる（以降、午後二時ころと記載する）。浮世絵師の八島定岡（岳亭春信）の随筆『猿著聞集（さるちょもんじゅう）』にも怪しいものの飛行を目撃した様子が記されている（図1）。

○火の玉空中をとびし事

えど鎧のわたりを舟にのりけるとき　さるのときばかりにやありけん　うしとらの方よりひつじさるのかたへ　大いさ三尺ばかりなる火の玉のごとなるもの　中ぞらをとびゆきけり　人々おどろきいかなるものにかありつらんなど　ものがたらひつつ向ひの岸にのぼりけるとき　未さるのかたにあたりて　山のくづるるばかりなるおとの　おどろおどろしくぞきこえたる　このとき人の家居の戸などごほごほとなりうごきける　西のかたにあたりたる鄙には　さうじなどやぶれけるところもありとこそききつれ　さてのち十日ばかりへてあるたび人のいひける　八王子のほとりの何がしとかいへる人の庭に金銀のいさご打まじりたる大いなる石のやうなるものの空よりおちてくだけちらぼひたる　地もくぼまりそこかしこやぶれ　ちかきわたりの家どもミな

かたぶきたるとぞいひし　いかなるものにかありけん　いとあやし　さハれ八王子のことハ人のいひけるをききしなれバいかがならんかしらず　火の玉のとびけるハえど人のおほく見しことにて　今より八十とせあまり三年ばかりさきのことになんありける

（火の玉が空中を飛んだ事／江戸の鎧の渡しで舟に乗っていた時、申の時くらいだったろうか、北東の方より南西の方へ、大きさ三尺（約九〇cm）くらいの火の玉のようなものが空を飛んで行った。人々は驚いて、何だろうなどと話しながら向こう側の岸を登っている時、南西の方から山の崩れるような恐ろしい音が聞こえた。この時、家の戸などごうごうと鳴り動いた。西の方の田舎では、障子などが破れたところもあったと聞いた。その後、十日ばかりたって、ある旅人が言うには、八王子の近辺の何某という人の庭に金銀の砂が混じった大きな石のようなものが空より落ちて砕け散らばった。地面もへこんで、（石が？）あちこちに割れ、近いところの家が皆傾いたと言った。何だったのだろうか、本当に不思議だ。八王子の事は人が言ったのを聞いたものなのでどんなものかはわからない。火の玉が飛んだのは、江戸の人が多く見たことで、今から十三年くらい前のことだった。）

日時の記載はないが、八王子に落ちた隕石の飛行である。

時刻　江戸時代の時刻は、「明六つ」「暮六つ」を基準に昼と夜を分け、昼と夜をそれぞれ六等分して定められていた（不定時法）。十一月二十二日は明六つが午前六時十四分、暮六つが午後五時十一分で、昼が約十一時間、夜が約十三時間であった。昼間は卯の刻の後半と辰、巳、午、未、申、酉の刻の前半で、一刻は約百十分間となる。下刻は一刻を三つに分けた最後の約三十七分間。

鎧の渡し　五街道の起点の日本橋から南東に日本橋川の約六〇〇m下流。現在は鎧橋が架かっており、川幅は約五〇m。

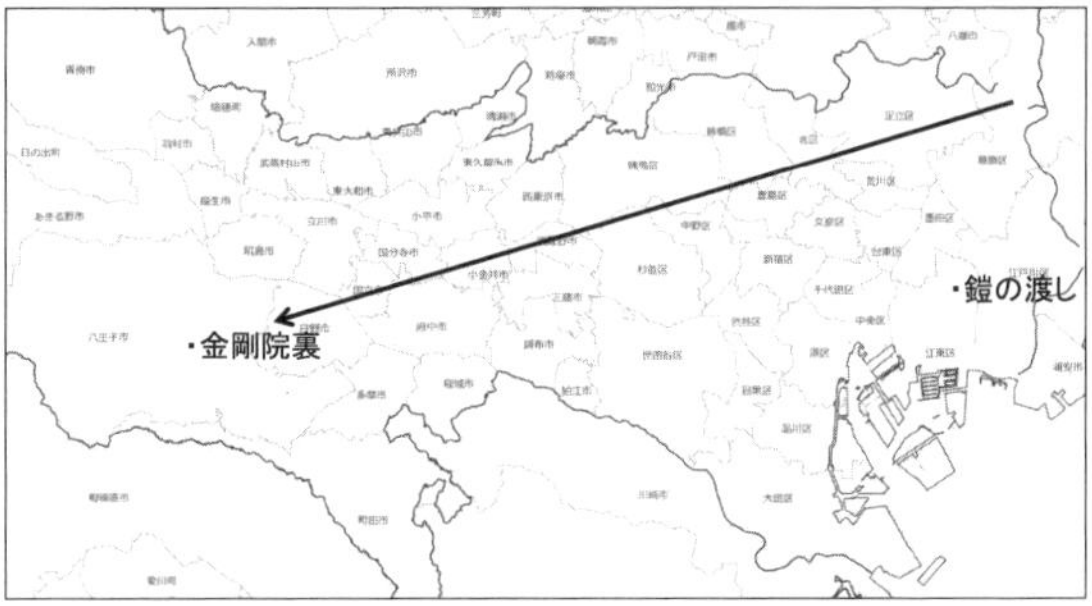

図２　隕石は江戸の少し北を飛んで八王子へ落ちた

時刻は「さるのとき」（午後四時ころ）と、『永聴記』の「未下刻」（午後二時ころ）の記載と一刻（約二時間）ずれているが、江戸では火の玉状態で見えたことがわかる。

隕石は飛行につれて状況が変化する。随筆や日記の記載は伝聞を書いているものが多く、その場合、目撃場所が特定できないものが多い。目撃場所が特定できるこの記載は非常に貴重である。

興味深いのは「舟の上で火の玉を見て、向こう側の岸を登っている時、南西の方から山の崩れるような恐ろしい音が聞こえた」という時差である。この恐ろしい音は、隕石が発した衝撃波が遠くに伝わったものと考えられる。雷の場合に、雷鳴が遠くに伝わると、「ゴロゴロゴロ……」と低い音になって聞こえるのと同じである。火球の目撃から遅れて衝撃波が到達したことがよくわかる。

八王子は江戸の西方で、鎧の渡しからの直線距離は約四〇km、隕石は西へ飛行して、どこかで衝撃波を発して、その後、空中で分裂して、減速して温度が下がり、光らなくなって地上のあちこちに落下した▲（図２）。

この隕石が、どのあたりの上空で分裂したかは資料が見つかっておらず不明である。

隕石の飛行と落下　二〇一三年にロシアに落下したチェリャビンスク隕石の場合は、落下速度は秒速一五km以上であったと推測されており、八王子隕石が同様の速度だったとすると、この後、数秒で八王子に落下することになる。

『甲子夜話』と国学者の語る二つの隕石

平戸藩の藩主松浦静山(まつらせいざん)の有名な随筆『甲子夜話(かっしやわ)』にも目撃談が記されている。

林子曰。今茲癸未十月八日夜戌[いぬ]刻下り、西天に大砲の如き響して北の方へ行。林子急に北戸を開て見れば、北天に余響轟て残れり。後に人言を聞ば行路の者はそのとき大なる光り物飛行を見たりと云。又数日を隔て聞く。早稲田地名軽き御家人の住居、玄関やうの所へ石落て屋根を打破り、砕片飛散しが、その夜その時のことなりとぞ。最早七八年にも成けらし、是は昼のことにて、此度の如き音して飛物したるが、八王子農家の畑の土に大なる石をゆり込たり。其質、焼石の如しとて人々打砕て玩べり。今度の砕片も同じ質なりと、見たりし人云き。昔星殞[おち]て石となりし抔[など]云ことは、是等のことにもあるや。造化の所為は意外のことなり。前に云ふ七八年前の飛物は、正しく予が中の者見たるが、其大さ四尺にも過ぎなん、赤きが如く、黒きが如く、雲の如く、火焰の如。鳴動回転して中天を迅飛す。疾行のあと火光の如く、且つ余響を曳くこと二三丈に及べり。東北より西方に往たり。見し者始は驚き見ゐたるが、後は怖て家に逃入り、戸を塞ぎたれば末は知らずと。林子の言を得て継ぎしるす。

『甲子夜話』の目撃談　『甲子夜話』は、九州、長崎の平戸藩の藩主、松浦静山の有名な随筆（この時は隠居後）。前段の癸未は文政六年（一八二三）のことで、友人の林子（林述斎＝大学頭）から聞いた話。早稲田（東京都新宿区）に石が落下した時の音を聞いた話である。そこから思い出して、後段は六年前の八王子隕石のことを記しているが、ここでも日時の記載はない。

軽き御家人　御家人は将軍直属であるが「お目見(めみえ)以下」とも呼ばれ、将軍に謁見できない身分であった。御家人の中にも家格があり、この「軽き御家人」は正式な玄関を作れない身分であったのだろう。

隕石の被害　現在ならば、このような事件は隕石の落下としてニュースとなり、屋根などの穴の開いた部分は地元の科学館で展示・保存されたりするが、当時、家屋の一部破損の被害に遭った当の御家人にとっては、原因もよくわからない、非常に迷惑な事件だったにちがいない。

（林子が言うには、この癸未十月八日、夜、戌の刻下り（午後九時ころか）、西天に大砲のような響きがして北の方へ行く。林子、すぐに北側の戸をあけて見ると、北天に余響（残るひびき）が轟いて残っていた。あとで人が言うのを聞いたが、行く道すじの者は、その時に明るい流れ星（火球）が飛んで行くのを見たという。また数日後に聞いた。早稲田の身分の低い御家人の住居の玄関のような所へ石が落ちて屋根を打ち破り、砕片が飛び散ったのがその時のことということだ。もはや七、八年になるだろうか。これは昼のことで、今回のような音がして飛物（とびもの＝火球）が飛んだが、八王子の農家の畑の土に大きな石を落とし込んだ。その石の質は焼けた石のようだと、人々が砕いて持っていた。今回の破片も同じ質だと見た人が言っていた。昔、星が落ちて石になったなどということは、これらのことかもしれない。自然のふるまいは予想できないものだ。先述の七、八年前の飛物は、まさしく自分の家臣も見たが、その大きさは四尺（約一二〇㎝）より大きい。赤いような、黒いような、雲のような、火焰のよう。鳴動し回転して空を高速で飛んだ。飛行のあとは、火光のようで、且つ余響を曳くこと二、三丈（約六〜九ｍ）に及んだ。東北より西方へ行った。見た者は初めは驚いて見ていたが、あとは怖くなって家に逃げ入って戸を閉めてしまったので、その先は知らないと。林子が言ったことに続けて書いておく。）

六年前のことを思い出して書いているのだが、「大きさ四尺」や「余響二、三丈」など、細かい数字を記しているのは、記憶に残っていたためか、家臣が言ったことをよく覚えていたのか。「赤きが如く、黒きが如く、……」の文は漢文調でリズムが良く、火球が飛んで行く異様な光景やスピードを感じさせる名文であるが、やや誇張も感じられる。静山は、実際には火球の飛行を見ておらず、見たのは家臣であるが、自分が見たように記しているところは面白い。家臣が誇張も交えて報告したのかもしれない。

なお、前段の石の落下は通称「早稲田隕石」と呼ばれている。

他に、喜多村節信（ときのぶ）▲の随筆『きゝのまにまに』、大田南畝（蜀山人）の随筆『半日閑話』、鈴木桃野の随筆『反古のうらがき』に八王子隕石、早稲田隕石、両方の記載がある。

寛政の改革で有名な松平定信▲の『花月日記』（後注参照）にも早稲田隕石の記載がある（「翻刻花月日記　松平定信自筆（二十六）」『天理図書館報ビブリア』一四三号）。

十日　はれぬ。［中略］八日の夜、五ツ比、月のごときもの十斗りもつらなりて、雲まをわたるをミしとなり。そのもの、おちてくだけしともいふ。ひゞきも聞えしといひしが、をのれハミもせず、聞もせず。あとにてきけバ、

喜多村節信　喜多村筠庭（いんてい）、一七八三―一八五六年。国学者。

松平定信　一七五八―一八二九年。幕府老中。陸奥国白河藩主。この時は隠居後。

大なる石の、また八王寺の民家のやねうちぬきて落しとなり。石ハやけし石也といふ。この前も有つるごとく、山のやけしにやとおぼゆ。

（十日　晴（中略）八日の夜、午後八時ころ、月のようなものが十ばかりも連なって、雲間を飛ぶのを見たという。そのもの、落ちて砕けたともいう。響きも聞こえたというが、自分は見もせず、聞きもしなかった。後で聞いたらば、大きな石が、また八王子の民家の屋根を打ち抜いて落ちたということだ。石は焼けた石だという。この前もあったように、山が噴火したのだと思う。）

火球が分裂して飛行する様子を臨場感ある表現で記載している。明るい火球であったようだ。今回の落下場所が早稲田であるのに、「また八王子に落ちた」という噂話が伝わっていたことがわかる。また、「この前のように石の落下は山が噴火したもの」と、八王子隕石の落下が火山の噴火だと思われていたこともわかる。

以上のように、江戸では早稲田隕石と八王子隕石について、両方を記録しているものが多い、しかし、全体では早稲田隕石については、八王子隕石よりも記載数が少ない。より江戸に近い早稲田隕石の記載が八王子隕石より少ないことは不思議である。また、早稲田隕石の記載の内容も、八王子隕石の時のような驚きの内容や詳しい描写が少ない。二回目の落下で、「また石が落ちたのか」と江戸っ子の興味は失われてしまったのかもしれない。

ともあれ、江戸近郊・八王子と早稲田と近い場所で、七年の間に二回の不思議な石の落下は人々の記憶に残ったに違いない。

なお早稲田隕石は行方不明になったままである。

『花月日記』と『我衣』の八王子隕石記事

八王子隕石に話を戻し、ここまでで八王子隕石の飛行の状況をまとめると、「隕石は火球となって江戸の少し北の空を西方に飛んだ」となるが、実際は単純ではなかったようだ。

松平定信の『花月日記』の文化十四年十一月の記載▲を見てみよう（「同前（十五）」『同前』一二五号）。

廿二日　けふもおなじ寒さ也。
未の時比に、遠かたのかミとおもへバいと長く、障子などへふたつミつ、
ひゞく音してけり。
ミな、何ならんといふ。

『花月日記』の文化十四年十一月の記載　文化十四年は松平定信の隠居後で、『花月日記』は隠居後の日記。浴恩園という名称の一万七千坪もある広大な屋敷で隠居生活を送っていた。浴恩園は東京都中央区の旧築地市場の中央部にあたり、鎧の渡しからは南南西へ約二㎞のところにある。

雪催す比か丶る音すれど、けふのハあまりにつよかりけり。ふじのかたなれバ、やけやしぬらんなどといひあふ。

けふハ村上の君・墨水の君来り給ひぬ。物がたりし庭めぐるころ、や丶くれ初ぬ。例の酒くミなどしてけり。かのひゞきハ、ミな聞ぬ。さるにこ丶らにても、ミしものあり。青き色の長き玉のやうなるもの三ツ斗、東より西へかけて飛行ぬ。その跡にて、ひゞきわたりしといふ。あやしき事也といひあう。

（二十二日　今日も同じ寒さ。／未の刻ころに、遠い雷だと思ったら、とても長く、障子などへ二つ三つ響く音がした。／皆、何だろうと言う。／雪が降る頃に、このような音がするけれど、今日のはとても強かった。富士山の方角だったので、噴火したのではないかと言い合った。／今日は村上の君、墨水の君が来てくれた。話をして庭を巡るころ、少し暮れはじめた。いつものように酒を酌み交わすなどした。あの響く音は皆聞いた。このあたりでも見た者がいた。青い色の長い玉のようなものが三つくらい、東から西へ飛んで行った。その後で響き渡ったという。不思議なことだと言い合った。）


まず、松平定信自身が直接に聞いた現象として、遠い雷のような長い音と障子へ響く音がある。これはどちらも衝撃波▲に関係するもので、雷のような長い音は

衝撃波　チェリャビンスク隕石の落下時には衝撃波で建物の壁と屋根の一部が破壊される、窓ガラスが割れるなどの被害が出ている。チェリャビンスク隕石は大気圏に突入する時点で直径が約一七mと推定されており、八王子隕石はそこまで大きくなく、衝撃波も大きくなかったと考えられる。

衝撃波が遠くに伝わったもの、障子へ響く音は震動（振動）で、これも衝撃波で、衝撃波を発した地点から遠くに伝わったために障子へ響く程度に減衰している。

松平定信は、これらの音を、室内で村上の君、墨水の君と談話中に聞いたのであろう。音と震動を区別して記載している点では、観察力がすぐれていると感じる。他の古文書では区別していないものが多い。

最後の部分は伝聞で、「青い色の長い玉のようなものが三つくらい、東から西へ飛んで行った」とあり、隕石が江戸の上空で、すでに分裂していたことがわかる。三つに割れた隕石が音速を超え、次々に衝撃波を発したのが「障子などへ二つ三つ響く音」であろう。「火球が東から西へ飛んで行った後で響き渡った」というのは、隕石の速度が音速を超えており、衝撃波による大音響が隕石の飛行より遅れて伝わるからである。

加藤曳尾庵（えびあん）▲の随筆『我衣（わがころも）』にも記載がある。

八四　霜月中旬地震昼夜たびたび、夜中飛物多く、廿二日の昼八ツ時比西の方に大に震動する事漸久し。其時たどんの如き物西の方よりいくつ共なく、東をさして飛行し其音也と。此比の評判也。

（八四　十一月中旬、地震が昼夜たびたび起きた。夜中に流れ星が多く、二十二日の

加藤曳尾庵　医師、この時は三河国田原藩の藩医。のちに藩医を辞して板橋で町医者となる。

午後二時ころ、西の方で大きな震動が長い時間続いた（漸久し）。その時、たどんのようなものが、いくつともなく西の方から東を指して飛んでいき、音はその音だとこのごろ評判になっている。）

十一月中旬の夜中の「飛物多く」というのは流星群と考えられる。加藤曳尾庵は地震、流星、火球の飛行と、天変地異が短期間に起きていることを関係づけて、並べて書いたのかもしれないが、地震、流星とも隕石の落下には関係がない。

二十二日以降は八王子隕石の記載である。「西から東へ飛んだ」というのは加藤曳尾庵の書き間違いか、翻字の際の読み違いであろう。

この記載からも隕石が江戸の上空でいくつかに分裂していたことがわかる。たどん（炭団）は炭の粉を固めたもので、調理、暖房用などに使われた。黒くて丸く、火をつけると赤くなる。「たどんが飛んだ」という表現は、『甲子夜話』の「赤きが如く、黒きが如く」という表現と一致する。

江戸の北を、三つ以上に分裂した火球が西へ飛んで、江戸では多くの人々に目撃されたが、江戸より西で火球の飛行を目撃した記載の古文書は、まだ見つかっていない。

流星群　新暦の十二月十四日ころは毎年、ふたご座流星群が極大となる。現在も毎年この時期にコンスタントに流星を降らせる三大流星群の一つである。文化十四年の十一月中旬は新暦の十二月十八日から二十八日ころにあたり、新暦の十二月十四日とは一週間ほどずれている。毎年十二月二十三日ころ極大のこぐま座流星群が多数出現したのかもしれない。

二▶八王子へ石降る

江戸で目撃された火球の飛行経路は当時の五街道の一つ、甲州街道に沿っている。火球の飛んだ時刻は午後二時ころで、きっと甲州街道を歩く多くの人々にも目撃されたであろう。しかし残念ながら、これらの記載もまだ発見されていない。
江戸の上空ですでに三つに分裂していた火球は、途中でさらに分裂して、現在の八王子市、日野市、多摩市に隕石の雨（隕石雨）となって落ちるのだが、どのあたりの上空で分裂したのかも不明である。

府中市に残る記録

飛行経路の府中市では、二つの古文書に記載があるが、目撃情報ではなく、石が落下してからの内容である。
一つは『六所宮神主日記』。

廿二日　今昼過西南之方ニ鳴物いたす、一寄事也
（二十二日　今日昼過ぎ、西南の方で音がした。人から聞いた事である。）

甲州街道　江戸時代の五街道の一つ。正式名称は甲州道中。現在の国道二〇号。日本橋を起点に江戸城西の半蔵門、新宿、調布市、府中市、日野市、八王子市を通って、小仏峠から神奈川県相模原市、山梨県の甲府を通って、終点の長野県・下諏訪宿で中山道に合流する。八王子の中心市街地では、現在でも国道二〇号のことを「甲州街道」と呼ぶことのほうが多い。

隕石雨　隕石が地球の大気に突入し、分裂して、多数の隕石が落ちること。隕石シャワーとも呼ばれる。隕石雨は「飛行方向を長軸とする楕円の地域に石が落ち、最も重い隕石が最も遠くまで飛ぶ」という自然則がある。

『六所宮神主日記』　筆者の猿渡盛章（一七九〇―一八六三）は府中の大国魂神社の神主で国学者でもある。小山田与清の門下。小山田与清については後出『擁書楼日記』『松屋筆記』についての注記を参照。

『県居井蛙録』 府中市住吉町の旧家・内藤家の記録。内藤家は大国魂神社からは西南西の方向に約二㎞、京王線中河原駅の北にあたる。

『石川日記』 八王子から甲州街道を西へ約四㎞のところにある上椚田村原宿（八王子市東浅川町）の石川家で代々の当主によって、江戸時代の享保五年（一七二〇）から書き継がれている日記。石川家は半士半農の武士集団・八王子千人同心(せんにんどうしん)▲の家柄であった。千人同心は付近の村々に住んでおり、普段は農民であったが、数年ごとに交代で日光勤番を勤めていた。日記は日々の農作業の内容を中心に書かれていて、一日分の記録の字数は少ないが、その内容は天候、年中行事、水害、地震、火山の噴火、日食、月食など多岐にわたっている。

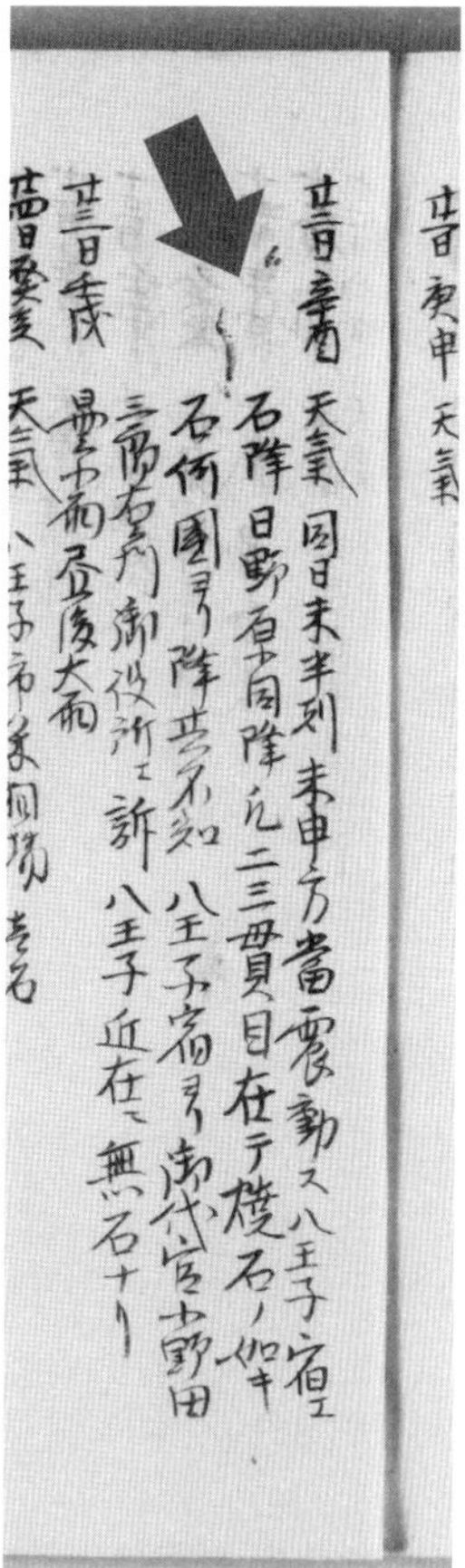

もう一つは『県居井蛙録(あがたいせいあろく)』▲（図3）。

廿二日　辛酉［かのととり］　天気　同日未半刻　未申方当震動ス　八王子宿エ石降　日野原同降　凡二三貫目在テ　焼石ノ如キ石何国ヨリ降共不知　八王子宿ヨリ御代官小野田三郎右衛門御役所エ訴　八王子近在ニ無石ナリ

（二十二日　天気（晴）午後二時ころ　南西の方で震動がした。八王子宿に石が降った。日野原にも石が降った。およそ二、三貫目（七・五〜一一・二五kg）あって、焼けた石のような石で、どこの国から降ったかわからない。八王子宿から御代官の小野田三郎右衛門の御役所へ訴えた。八王子近在に無い石だ。）

図3『県居井蛙録』 矢印の部分が引用箇所

南西の方向で震動がしたというのは、『六所宮神主日記』と一致している。ただ、『六所宮神主日記』は音としており、『県居井蛙録』は震動としているところに違いがある。府中から見て、南西の方向で隕石が衝撃波を発したのは間違いないだろう。

ここで注目したいのは「石降」という表現で、「降る」というのは通常「雨や雪が降る」「火山灰が降る」のように複数のものが落ちてきたことを表わしており、「落ちた」とせずに「石降」としたのは、伝聞で「石があちこちに降った」という話が伝わっていたからと考えられる。

八王子と周辺の村の記録

ここからは、八王子と周辺の村々の古文書について解説する。

まずは『石川日記▲』（図4）。

廿二日　晴天　八ッ頃鳴物致ス　八王子へ石降ル　内ニ居ル

（二十二日　晴　午後二時ころ、音がした。八王子へ石が降った。家にいる。）

「八王子」とは当時の「八王子十五宿▲」の総称で、現在の八王子市の中心市街

八王子千人同心　江戸幕府の組織の一つ。戦国時代の末期から江戸時代の初めに、江戸の西の守りとして八王子を中心に配置された武士集団。最大で約千人となった。十人の旗本・千人頭の下に、それぞれ十人の組頭が配置され、組頭それぞれが九人の平同心を統率していた。組頭以下は千人町と付近の村々に住み、普段は農業を営む半士半農の武士集団であった。幕末に千人隊に改称。

八王子十五宿　江戸時代は八王子十五宿が「八王子」であった。甲州街道の宿場町で現在の八王子市の中心市街地。甲州街道沿いに、東から新町、横山宿（現在の横山町）、八日市宿（八日町）、本宿（本町）、八幡宿（八幡町）、横町（大横町）、本郷宿（本郷町）、小門宿（小門町）、上野（上野原）宿（上野町）、馬乗宿（南町）、寺町、子安宿（子安町）、久保宿（日吉町、元本郷町）、嶋坊宿（日吉町、元本郷町）、八木宿（八木町）までの十五宿。

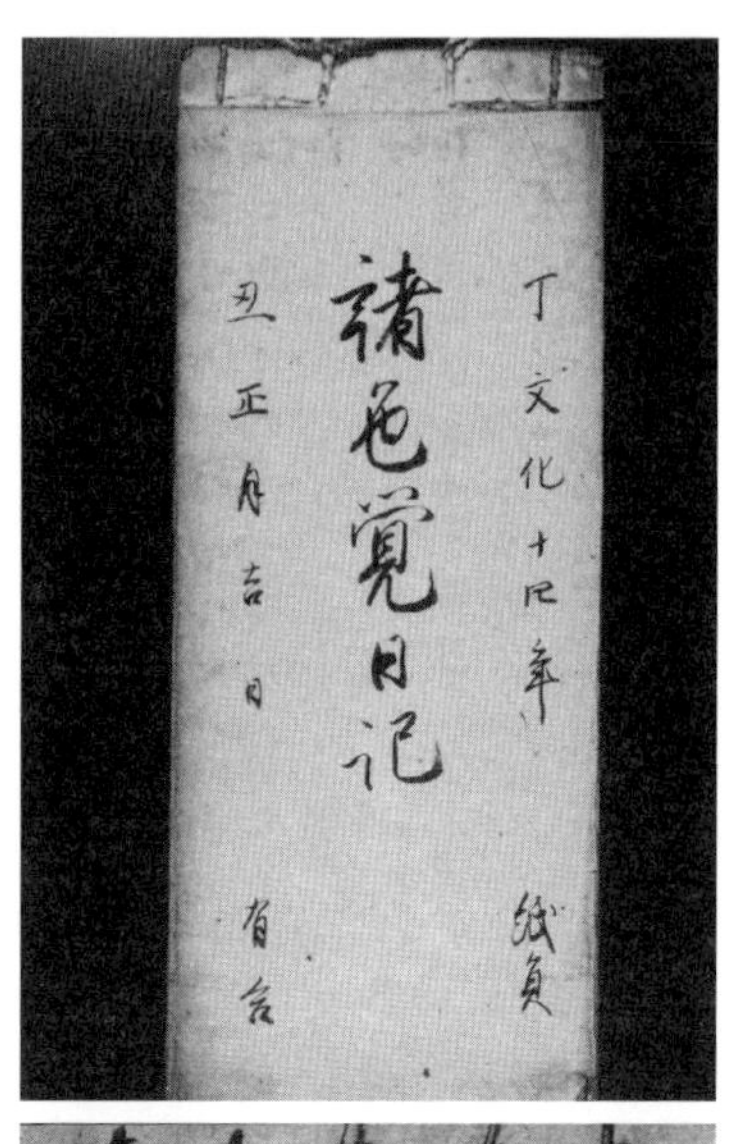

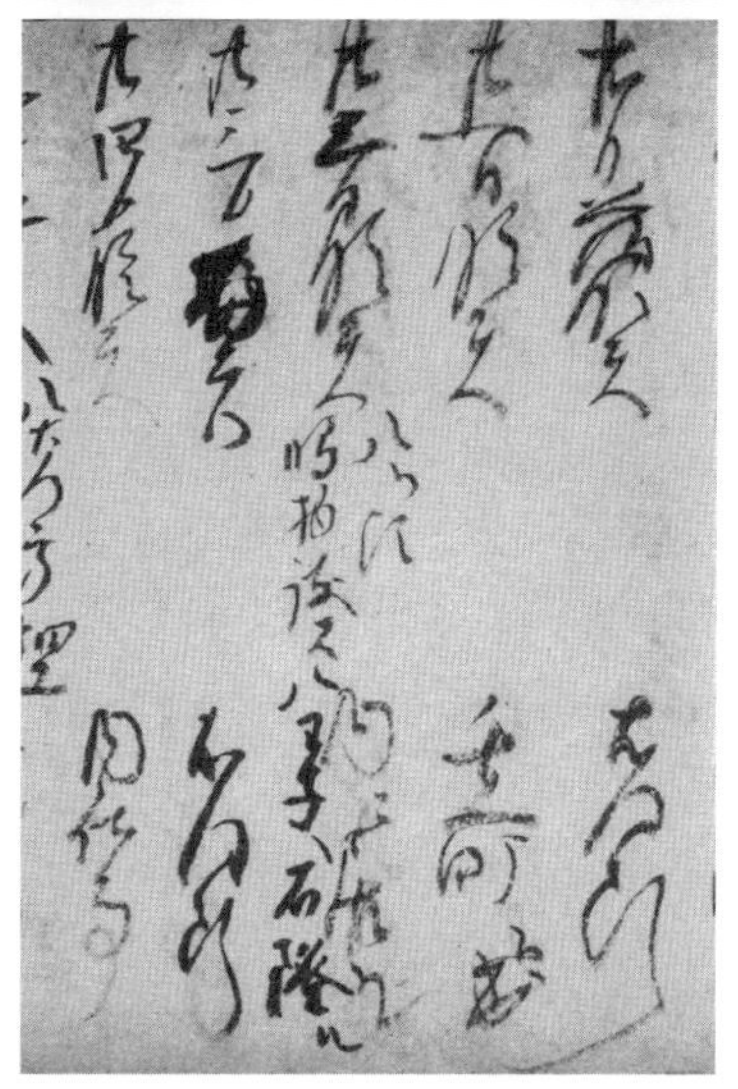

図4　『石川日記』　上：表紙　下：隕石記録部分

地。なお、八王子十五宿の西隣は千人町▲（今も同じ）で、八王子千人同心を統轄する旗本・千人頭十名の屋敷が甲州街道沿いに並んでいた（図5）。千人同心の本拠地であり、『石川日記』にも「千人町へ行く」と記載されている。

十一月二十二日の当日は家に居たところ、午後二時ころに音がした。家にいたため、石が降ったという情報は誰かから伝わったのだろう。なお、『石川日記』には後日談の記載はない。

八王子の『桑都日記』には、石の落下時の状況、場所、落下後の対応などが書かれている（図6）。『桑都日記』は千人同心の由緒や八王子の事跡を記したもので、筆者の塩野適斎▲は八王子千人同心組頭。

千人町　現在の八王子市千人町。千人同心の本拠地。甲州街道沿いに八木宿の西から散田村の新地（並木町）までの間、約一㎞が千人町。甲州街道の両側には千人頭十名の広大な屋敷と配下の同心の屋敷が並んでいた。八王子十五宿が宿場町、商業の町であるのに対して、千人町は武士の町であった。

塩野適斎　一七七五―一八四七年。『新編武蔵風土記稿』の編纂に加わり、多摩郡、高麗郡、秩父郡の地誌編纂に従事し、現地調査を行った。文政十年（一八二七）、『桑都日記』を完成し、幕府に献上した。市内追分町にあった塩野適斎の家は日野市に売られた後、現在は東京都小金井市の江戸東京たてもの園に移築され、公開されている。

僖公　春秋時代の中国・魯の第十九代の君主（生年不詳―紀元前六二七）。僖公の十六年は紀元前六四四年。

図5　八王子十五宿と千人町　地図の右三分の二が八王子十五宿、左が千人町　元図：国土地理院発行2.5万分の1地図

廿二日隕石于桑都五
是日昳後自東南有声如雷　望之如白雲揺曳　隕者石也　允五矣　其一隕于小門宿　其一隕于原宿　其一隕于大和田村　其一隕于柚木村　其一隕于日野本郷　於是其処之里正等告訴之於　官且献納其石
　按魯僖公十六年春正月戊申朔隕石于宋五　伝曰隕星也　今茲桑都隕石者其謂未考之

（二十二日　桑都に落（隕）ちる石、五／この日、太陽が西へ傾くころ、東南から音がした。見たら雷のようだった。白い雲がゆらゆらと漂っていた。落ちたのは石だった。五カ所に落ちた。一つは小門宿に落ち、一つは原宿に落ち、一つは大和田村に落ち、一つは柚木村に落ち、一つは日野本郷に落ちた。各所の名主はこのことを官（領主）に訴え、かつ、その石を納めた。／調べると、魯の僖公▲の

図6　『桑都日記』「二十二日　桑都に隕つる石、五」

十六年正月朔日に宋に五つの石が落ちた。伝えて隕星と言う。今回、八王子に落ちた石は、未だにそのいわれを考えられていない。）

「隕」の字を使用している古文書の一つである。ただし、「隕」を落ちるという意味で使用し、落ちた石を「隕石」とはしていない。

「白い雲がゆらゆらと漂い、長く尾を引くように残っていた」。これは隕石雲▲である。

複数落ちた石の落下地点五カ所▲の地名の記載がある。

『桑都日記』は序文が文政十年（一八二七）となっているので、隕石のことも後年に書いたものと思われる。簡潔に記してあり、落下後の対応について記しており、石が落ちたことが名主から領主に届けられ、石も納めたとしている。

また中国・春秋時代の隕石落下の記録を引用しているが、最後の一文で「今回、

隕石雲　空力加熱により隕石表面から溶けて蒸発した隕石の微粒子に、大気中の水蒸気が結露して小さな水滴となって雲のように見えるもの。

落下地点五カ所　小門宿は現在の小門町。甲州街道の八幡町の南側で、JR中央線の北側。上野町の北側。原宿は上野原宿（原宿については、東浅川町に同じ地名があり、それは石川家がある「上椚田村原宿」である。『石川日記』は「八王子に降った」と書いているので、塩野適斎が、上野原宿を略して「原宿」と書いていると考える）。大和田村は大和田町。甲州街道を八王子から北へ渡った所一帯。柚木村は現在の八王子市南東部で上柚木と下柚木。日野本郷はJR日野駅を中心に、東は万願寺、西は日野市栄町、日野市新町の東西約四㎞の地域。

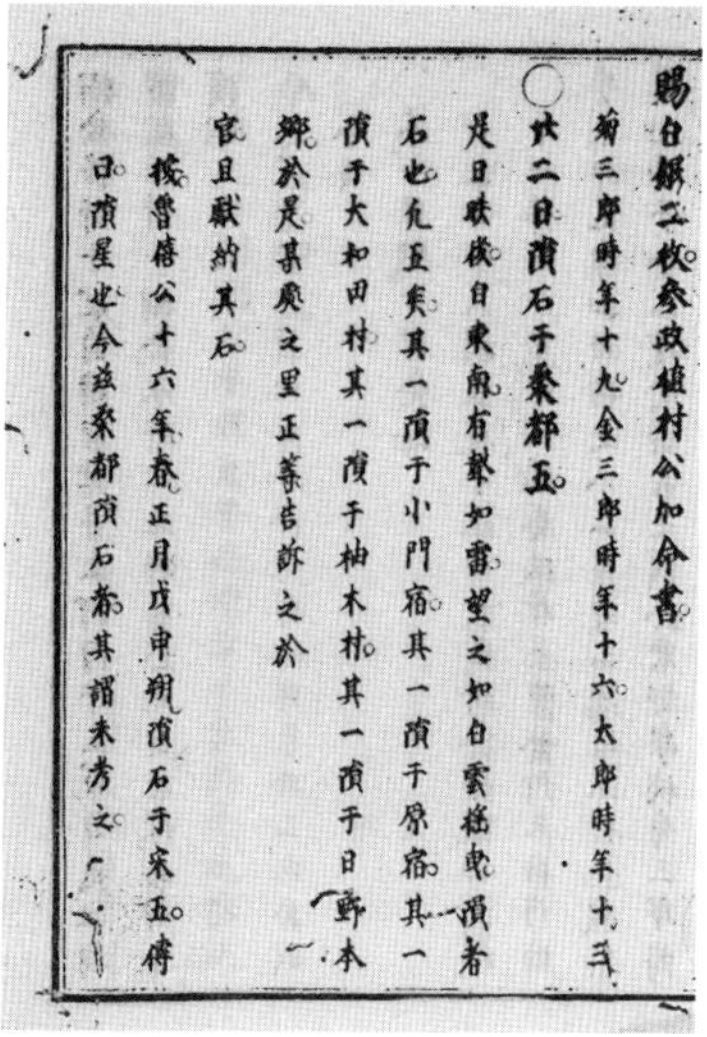

落ちた石は、未だにそのいわれを考えられていない」としている。隕石落下後十年の文政十年以降に書いているということは、石の落下後もその正体はわかっていないのであろう。

日野市の清水家の記録『八王子中市相場付』にも記載がある。原文は省略して現代語訳のみ掲げる。

丑の年［文化十四年］十一月二十二日、雲が少したなびいて、雷のように鳴り、八王子あたりへ御影石の焼石、五、六百目の石、ところどころへ降る。

町田市小山町（小山村）の『玉利軒日記　記録帳』には、震動、隕石の重さなどの記載がある。

文化十四年十一月廿二日、八つ時振動致し、八王子上の原へ六貫匁位の石ふる、其外五六か所へ石ふる

（文化十四年十一月二十二日、八つ時（午後二時ころ）に振動して、八王子の上野原（上の原）へ二二・五kg（六貫匁）くらいの石が降った。そのほか五、六カ所へ石が降った。）

御影石　火成岩の一種の花崗岩のこと。石材に多く用いられている。カーリングの競技用ストーンも花崗岩で作られる。主に石英、長石、雲母で構成されている。

焼石　隕石は、大気中を飛行中に表面が溶け、黒色の被膜（溶融被膜）で覆われる（隕石を見分ける特徴の一つ）が、割れた内側は花崗岩のように結晶があり、金属小片が光ってキラキラしている。「御影石の焼石」とは石質隕石のことを端的に表わしている。

五、六百目の石　「目」は重さの単位「匁」のことで一匁は三・七五g。五、六百目は一八七五～二二五〇gとなる。石質隕石の比重の平均三・七から、球であるとして体積を計算すると、一八七五gならば半径四・九四cmの球、二二五〇gならば半径五・二五cmの球となる。直径一〇cmほどの隕石があちこちに落ちたということになる。

『石川日記』と同様に「降る」と記載している。

「上の原」は『桑都日記』の「原宿」(上野原宿)、現在の上野町であろう。上の原の隕石の重さについて記載があるのはこの『玉利軒日記』と松平定信の『花月日記』(後述)だけである。一貫は三・七五kgで、六貫は二二・五kgとなる。

衝撃波を「振動」と書いている。音がどの方角から聞こえたかという記載がないのは残念である。家の中にいて、振動は感じたが、音の方向まではわからなかったのかもしれない。

石の落下現場

『桑都日記』には石の落下場所として小門宿、上野原宿、大和田村、柚木村、日野本郷の五カ所が記されていたが、落下場所ではどのような状況だったのであろうか。

加藤曳尾庵の随筆『我衣』に落下場所での詳細が記載されている。十一月二十二日の記事ではなく、筆者の加藤曳尾庵が十二月七日に友人の絵師・谷文晁▲のところへ寒中見舞いに訪れた時のことである。八王子に石が落ちたことは噂になっていたが、「先生、とりあえず、まずこれをご覧ください」と曳

『玉利軒日記 記録帳』 筆者は元千人同心の島崎又左衛門義隆。島崎義隆は、絵師・島崎旦良として有名である。千人同心であった期間は寛政八年から十三・享和元年(一七九六―一八〇一)で、その後は画業に専念したようである。屋敷は小山村(現在の東京都町田市小山町)で、八王子からは南南東へ約七kmのところである。

谷文晁 一七六三―一八四〇年。絵師。弟子に渡辺崋山ら。

川口陜山 横山宿の名主の養子といわれている。絵師でもあり、八王子市内の小宮町の東福寺の笛継観音堂に障壁画を残している。

尾庵が文晁から見せられたのは、八王子の絵の弟子・川口陜山▲からの文晁あての手紙であった。その手紙には、八王子の石の落下場所の詳しい状況が克明に記されていた。そして曳尾庵は、この手紙を書き写し、『我衣』に納めたのである。

八七　前に書く所、十一月廿二日八ツ比、西の方に震動せし事は、八王寺辺へ石落たりと専風評せしが、十二月七日谷文晁子へ寒気見廻にまかりしに、先生不敢取［とりあえず］先ず是を御覧候へとて、内々見せられし文の写。

（八七　前に書いた、十一月二十二日、八ツ時（午後二時）ころに西の方で震動したことは、八王子あたりに石が落ちたともっぱら世間では噂をしていたが、十二月七日（一八一八年一月十四日）に谷文晁のところへ寒中見舞に行ったところ、「先生、とりあえず、まずこれをご覧ください」と内々に見せられた手紙の写し。）

［時候のあいさつ省略］

扨亦［さてまた］当所辺当月廿二日奇怪之義有之に付内々申上候。尤東都にてももはや風説有之候事と奉存候へ共、此地は実事ゆへ申上候。当月廿二日は天気も快霽にて有之候処、未刻比天俄に大雷の如く鳴り震動致し候事、凡壱刻程の内、漸鳴も静り皆々相驚外へ出、空中を望候処、目上より少々南の方に当り怪白

子安宿と申処の地中畑の中　石の落下場所の記述と資料（資料は後出）。

子安宿地面、百姓忠七所持の麦畑……『文化秘筆』『藤岡屋日記』

上野原金剛院脇畑……『海録』

上ノ原村金剛院後ろの畑……『秋霞採録』

上野原金剛院西ノ方道端の畑……『里正日誌』

煙残り有之、無程二三間四方に相成、悠然と未申の方へ飛行消失候。然所当所横山宿不佞支配の中、子安宿と申処の地中畑の中▲へ、怪物落候由承り候に付、早速罷越し見分致候処、折節畑に雪沢山有之、二三間四方の間泥刎候様に黒み、中の方窪み候に付、打寄掘出し候処、深さ三四尺も下に磐石有之、凡長三尺程、巾六七寸に四五寸の石にて、外の方真黒く煙候様子に相見、勿論其節響にて割れし哉、悉く砕け有之、中の方は常の石の如く青みと白み御座候。

少々内々差上仕候間、御覧可被下候。尤何方の産と申事も不相分、中に銀みぢんの粉の光り有之候。今以聢[しか]と相分兼候。右の如くの石当所より江戸への往還甲州海道の中、大和田村と申地内、浅川と申川の橋際に壱ヶ所、是は河原へ落候故、忽砕け往来の人拾候故、大さ不相分候。夫[それ]より東同往来の中、粟須村新田と申処、民家の庭へ壱ヶ所、是は六七寸四方、又当所より東南豊田村と申野辺へ壱ヶ所、平山村と申へも壱ヶ所、柚木村と申処へも壱ヶ所落候由。右は何れも往来端民家近所ゆへ相分り候へ共、其外は藪の内又は山川抔へも落るも可有之候様子に候へ共相知れ不申候。誠に奇怪成義にて前代未聞の義、天地の造化難斗驚入候に付、早々当所の分は支配御役所へ相届候処、欠石拾取候者有之候はゞ取集め置候様被申付、尤支配へもかけ石相添届候。

扨亦西南に当り御存の散田村より南の方北比企村と申処に、右同日同刻又々怪談有之。是は民家柿の木の下辺へ悉怪［あやしき］鋪物沢山空中より落候由。尤其辺所々落候趣も承り候所、是は花の形の如く成物にて大さ二三分程の物、此辺に有之候ドウジャ花▲と申蔓草の花に似たる物にて、全く花にも無之、拵物にも無之、自然出来候物也。中心朱色、廻り薄紅、尤白がちにて鳥ツト見れば蠟細工物の様に見え候へ共、蠟にても無之、柔らか成物にて押候へば指先へべた〳〵付候て、中に赤き所は猪口の如く穿候。柿などの花の落たる様成もの、形はつれ雪▲の如く、不佞も漸一つ鳥ツト見分致候儘、荒増を写し上候。何レ天然の物に有之、細工又は花にては無之、此節は中の赤色茶色に変し申候。余程沢山有候由の儀、若［もし］此後取得候はゞ追便に上け可申候。余り不思議成る事に候故、内々欠石一つ写添差上申候。今以何方より山吹出し候と申事も不分、誠以安心不得候へ共、余り奇怪の義故、就能便伺御懇意候。奇怪の説捧乱筆候、真平御宥恕可被下候。書外来陽出勤の節、得尊顔段々可申上候。以上

霜月卅日　　　　　　　　　　　　八王寺横山 陝山　百拝

文晁先生　被下

（さてまた、当所（八王子）あたりに当月（十一月）二十二日に奇怪なことがありま

ドウジャ花　ドウジャ花については、『我衣』を収録している『日本庶民生活史料集成　第一五巻　都市風俗』（三一書房）では「ヘクソカズラの異名」と注釈をつけている。

はつれ雪　はだれ雪。はらはらと降る雪。また、薄く降り積もった雪。

したので、内々に申し上げます。もっとも、東都（江戸）でも最早、風説（噂）があることとは存じますが、八王子では事実ですのでお伝えいたします。当月二十二日は天気も快晴のところ、未の刻ころ（午後二時ころ）空がにわかに大雷のように鳴り、震動すること、およそ一刻（一時の四分の一か、約三十分間）ほどのうちに、ようやく鳴りも静まり、皆が驚いて外へ出て空を眺めましたところ、南の方の低い空に怪しい白煙が残っていて、ほどなく二、三間四方になり、悠然と南西の方へ飛んで消え失せました。そうしていましたところ、横山宿の自分の支配の内の子安宿というところの畑の中に怪しいものが落ちたと聞きましたので、早速行って、見分しましたところ、季節柄、畑に雪がたくさんあるところで、二、三間四方の泥を跳ね飛ばし、黒い土が出ていまして、中心が窪んでいましたので集まって掘り出したところ、深さ三、四尺も下に硬い石があり、およそ長さ三尺、幅六、七寸に四、五寸の石で、外の方は真黒く、煙った（燻した）ように見え、落ちた衝撃で割れたのか、全体が砕けていて、中の方は普通の石のように青みと白みがありました。／少々ですが、内々に差し上げますので、ご覧ください。どこから出た石ともわかりませんし、中に銀の細かい粉が光っています。今もはっきりとはわかりません。このような石が当所（横山宿）より江戸への往還（甲州街道）の途中、大和田村という場所の浅川という川の橋の際に一カ所、これは川原に落ちたので砕けて、往来の人が拾ったので、大きさはわかりません。

小比企村　石が落ちた子安宿の畑から南へ二㎞ほどのところにある。現在は八王子市小比企町。

それより東の往来の途中の栗須村新田（あわのすむら）というところの民家の庭へ一カ所、これは六、七寸四方、また当所より東南の豊田村というあたりに一カ所、平山村というところへ一カ所、柚木村というところへも一カ所落ちたということです。これらはいずれも往来の端の民家の近所だったのでわかりましたが、そのほかは藪の中、または山や川などへも落ちるものもあるようすですが、わかりません。本当に奇怪なことで、前代未聞のこと、自然のふるまいは図りがたく、本当に驚きましたので、早々に当所の分は役所へ届けましたところ、欠け石を拾った者がいたら、集めておくように申し付けられ、そのとおり、役所へ欠け石を添えて届けてあります。／さてまた西南の散田村より南の方の北比企村（小比企村▲）というところに、同じ日の同じ時刻に怪しい話があります。これは民家の柿の木の下あたりに、ことごとく怪しい物がたくさん空から落ちたということです。また、そのあたりところどころに落ちたということも聞いているところですが、これは花の形のような物で、大きさ二、三分（一分は約三㎜）ほどのもので、このあたりにあるドウジャ花（ヘクソカズラ）というつる草の花に似たもので、まったく花でもなく、作り物でもなく、自然にできたものです。中心が朱色で、まわりが薄紅色で、また白色がちに、ちょっと見るとロウ細工のように見えますがロウでもなく、柔らかなもので、押しますと指先にベタベタとつき、中の赤いところは猪口（ちょく）のように穴があいていました。柿などの花の落ちたようなもの、形は「はつれ雪」のようで、自分もようやく、ちょっと見分したまま、あらましを写しました。いずれ天然の物で、細工や花ではなく、その時は中の赤色は茶色に変色しました。よほどたくさんあるということで、もしこの後手に入りましたならば、後の便でお送りいたします。／あまり不思議な事なので、内々に欠け石一つ写し添え差し上げます。今もってどこから山が噴火したともわからず、本当に安心することはできませんが、あまり奇怪なことなので（「就能便伺御懇意候」は意味不明）。奇怪の話、乱筆をお送りしましたこと、お許しください。（以下省略）／霜月三十日　　八王子横山　　陜山百拝／文晁先生　被下）

右欠石小塊二つの内一つ貰受、我等所持いたす所也。
（右の欠け石の小塊二つのうち一つをもらい受け、我らが持っているところである。）

御届書の写
武州八王子宿地内怪石降候に付御届
御代官所武州多摩郡八王寺横山宿之内、子安宿地内百姓忠七所持の字上ノ野原麦畑へ、当月廿二日昼八ッ時比、晴天に雷鳴地響致し、怪鋪物落候様子にて、白気立登り候間、村中の者馳付打寄見届候処、地四尺程窪み黒く焼燼候石、悉砕け落有之候間、掘出し砕目よせ合せ見候処、凡三尺程巾六七寸、厚さ五六寸程有之候段、村役人共訴出候。依之右石砕け壱ツ相添、此段御届申上候。以上
文化十四年丑十一月廿二日
御代官　小野田三郎右衛門殿▲
村役人名前
当御代官所
武州多摩郡八王寺横山宿内
子安宿
名主　彦右衛門
年寄　半右衛門
［「御届書の写」の内容は四章に後出の『海録』より少なく、一部省略したと考えられる。現代語訳は『海録』を参照］

聞書
当月廿二日雷鳴震動の節、御徒士衆中市九郎殿中川沖へ釣出居候処、沖中波立、黒き物吹上候様に承り申候。
扨此説区々にして伊豆浦の中御要害の焔硝蔵へ火入り悉焼失、其台石の飛来

小野田三郎右衛門信利　幕府代官。代官の役所は江戸の馬喰町（現在の東京都中央区日本橋馬喰町）にあった。

りし共い丶、又は富士浅間の中、火脈の発して吹出たり共、先きの日見へし黒船の中より石火矢打つなるべしなど丶て、巷説紛々たりしが、十二月に入ては其風説言やみて何共しれず成にけり。

（聞書／今月二十二日の雷鳴震動の時、御徒士衆の市九郎殿が中川沖へ釣に出ていたところ、沖中が波立ち、黒い物が吹き上がったと聞いた。／この話はまちまちで、伊豆の海岸の防御施設の火薬庫へ火が入り、焼失し、その台の石が飛んで来たとも言い、または富士山の中、火道が爆発して噴き出したとも、先日見えた外国船から石を弾丸とする大砲を打ったなどと、世間の噂はまちまちだが、十二月に入って、噂はなくなって、なんともわからないままになってしまった。）

冒頭の「前に書く所」は、一章末尾で述べた火球の目撃談である。つづく谷文晁を訪ねた記事の「先生、とりあえず、まずこれをご覧ください」のくだりは、当時の場面を彷彿とさせる書き出しである。

川口陝山の手紙では、まず、衝撃波で大雷のように鳴り、震動したこと、およそ一刻（三十分間か？）、音と震動がしていたことを伝える。驚いて戸外へ出て、空を見て、隕石雲を観察している。

川口陝山は横山宿に住んでおり、子安宿の畑に石が落ちたことが伝わって現場

十一月十九日の降雪の記録　八王子の『石川日記』には「雪天」、藤沢市の『藤沢山日鑑』（遊行寺）には「曇天　昼時分より雪　余程積り候也」と記録されている。松平定信の『花月日記』（中央区築地）には「午前中に雨から雪へ。昼食を食べながら見たら芝生が白く見えた。その後、酒を少しかたむけて見る」と優雅である。南関東に雪が降るのは、本州の少し南の海上を低気圧が西から東へ通る時で、南岸低気圧と呼ばれている。十九日はこの気圧配置と考えられる。十九日の雪の後、二十日には南岸低気圧は東へ移動し、天気は回復し、今度は西高東低の冬型気圧配置となり、北西風とともに寒気も南下したと考えられる。『花月日記』には二十一日に「晴　とても寒い。今年初めて、庭の池の水が凍った」と庭園の池が凍っていることが記される。二十一日以降は強い北西風も止んで、安定した冬型気圧配置となり、乾燥した晴れとなった。畑には三日前の雪が残っていたのである。

図７　小比企村の位置　元図：国土地理院発行2.5万分の１地形図

へ駆け付けたのであろう。横山町から金剛院裏までの道のりは約一・四㎞である。石を掘り出すのに立ち会っている。畑の雪については、さまざまな日記の記載から、石が落ちた三日前の十一月十九日に雪が降ったことがわかる。▲

後半の「北比企村」は小比企村（図7）のことで、北の字は読み違えたものであろう。

「あらましを写しました」とあるように、川口陝山は手紙にスケッチを添えたのであろう。また、「よほどたくさんあるということで」と書いているように、ドウジャ花様のものも石の破片と同様に人々の間で出回っていたようだ。

八王子の村雨物

この「小比企村の怪しい話」に出てくる不思議なものについては、幕臣の宮崎成身の見聞録『視聴草（みききぐさ）』▲に「八王子村雨物」と題して記載されている。村雨とはにわか雨のことである。また、「村雨物」のスケッチ（図8）も描かれている。

八王寺村雨物

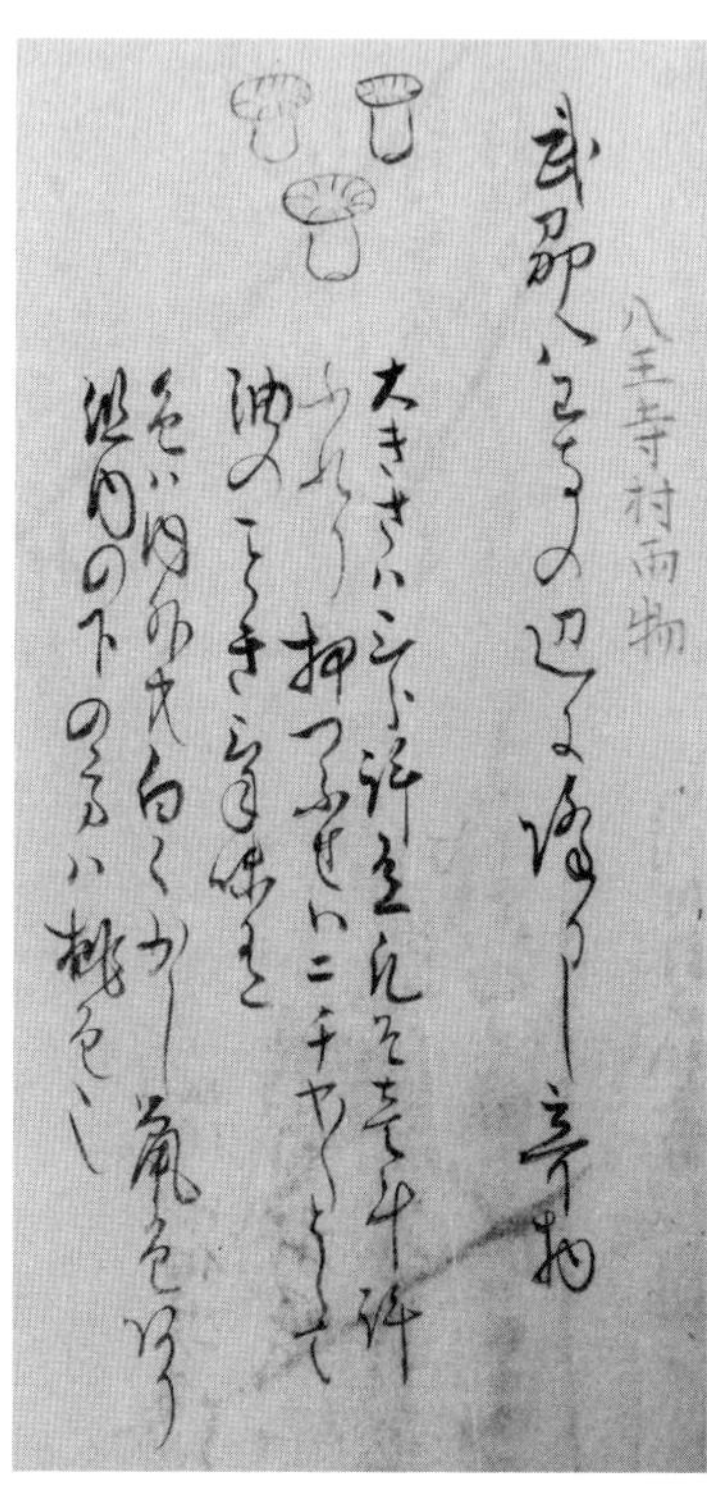

図8　『視聴草』

宮崎成身『視聴草』　著者の生没年は不詳だが、安政五年（一八五八）に老齢を理由に引退しているところからすると、だいたいの年齢が想像できるため、本人が見聞したことを載せたことがわかる。

武州八王寺の辺に降りし奇物
大きさハ三分許〔ばかり〕有、凡そ一斗許ふれり、
押つぶせバ、ニチヤニチヤとして、油の
ごとき気味有、
色ハ内外共白く少し鼠色あり、但内の下
の方ハ桃色也
文化十四年丑十一月廿二日の昼八ツ時過、
多摩郡小比企村の近辺百姓家弐三軒の庭
へ降りしと云

［これ以降、小野田代官からの勘定奉行あての届出書の写しと横山宿の名主らからの小野田代官あての届出書の写しが記載されているが省略］

（八王子の村雨物／武蔵国の八王子あたりに降った不思議な物／大きさは九㎜あまり、およそ十八ℓ降った。押しつぶせばニチャニチャして、油のような感じである。／色は内側、外側とも白く、少しネズミ色がある。ただし、内側の下の方は桃色である。／文化十四年丑十一月二十二日の午後二時ころ、小比企村の農家二、三軒の庭へ降ったという。）

小比企村に降った不思議な物については、似たものが海外でも報告されている(Samuel Griswold Goodrich, *Tales about the Sun, Moon, and Stars*, 1848, pp. 261-263など)。それは「スターゼリー(スタージェル)」と呼ばれており、流星群や隕石の落下時に発見されているという。チェリャビンスク隕石の落下時にもスターゼリーの落下があったとされているが、論文などは出されていない。

一方で、これらのゼリーはカエルなど両生類の卵である、という報告もある。日本では、隕石落下時にスターゼリーが落下したという報告はない。

落下天体とゼリーにどのような関係があるのか? 隕石は表面が溶けるほどの高温にさらされるため、ゼリー状のものがそのままの状態で地上にまで達することは考えられない。ここでは随筆等にスターゼリーと似たものの記載があったことだけを紹介し、解明は後世に委ねたい。文化十四年に落下した不思議な石が、後世に隕石と判明するように、スターゼリーもこの先、解明されるかもしれない。

三▼多摩地区の記録、遠方の記録

隕石が降った地区は多摩川の南側で、明治十一年（一八七八）から昭和四十六年（一九七一）までは南多摩郡と呼ばれていた。そして、多摩川の北側には、北多摩郡と西多摩郡があり、隕石は落ちていないものの、音については多くの記録が残されている。本章ではまず、多摩川の北側の村々に伝わる古文書の記載を紹介する。

多摩川の北の村々の記録

八王子から北東へ約十三kmの東大和市に残る『里正日誌』▲に記載がある。

川口鉄山翁の日記の中ニ
文化十四年丁丑十一月二十二日未刻八王子子安村地所上野原金剛院西ノ方道端の畑へ落石有之、石ノ大きさ五寸角長弐尺程雪中の畑江落る、其節天雷の如く鳴響候処晴曇の空中ゟ[より]如此の石堕候、大勢集り見届ケ其段御代官中村八太夫様御役所へ訴候所、直ニ御奉行所江も御届ケ右持参の上申上ル、其前

『里正日誌』　東京都東大和市蔵敷の名主・内野家の記録。文中の川口鉄山翁がどのような人物かは不明だが、地名「上野原金剛院西ノ方道端の畑」が出てくるので、八王子に知り合いがいたのだろうか。

所々江少き石落候間、此段も申上候、日野新田江壱ヶ所、柚木村江壱ヶ所、小比企村江壱ヶ所、其外小石ハ所々江落候よし、右石出所ハ相分り兼候、御公儀ニても所々御詮議有之候得共相分り不申、石の色黒ク欠候所の小口は鼠色ニて石の色何方の石と云事不知、誠に奇なる事

其比豆州下田の浦へ異国船着いたし居候ニ付、是も御疑相掛候得共相分り不申候由也

右横山宿名主七郎兵衛ゟ訴上候

（川口鉄山翁の日記に書かれていたこと。／文化十四年十一月二十二日、未の刻、八王子の子安村の地所、上野原の金剛院の西の方の道端の畑へ落石があった。石の大きさは五寸角で長さ二尺程。雪の中の畑へ落ちた。その時、空が雷のように鳴り響き、晴れて雲のある空からこのような石が落ちた。大勢集まって見届け、このことを御代官の中村八太夫様の御役所へ訴えたところ、すぐに御奉行所へも御届け、右を持参の上申し上げた。その前、所々に小さな石が落ちた。このことも申し上げた。日野新田へ一カ所、柚木村へ一カ所、小比企村へ一カ所、その外、小石は所々へ落ちたということだ。石の出所はわからなかった。御公儀でもあちこちで取調べがあったがわからなかった。石の色は黒く、欠けたところの断面は鼠色で、石の色ではどこの石ということはわからない。本当に奇妙な事だ。／このごろ伊豆の下田の海岸に異国船が着い

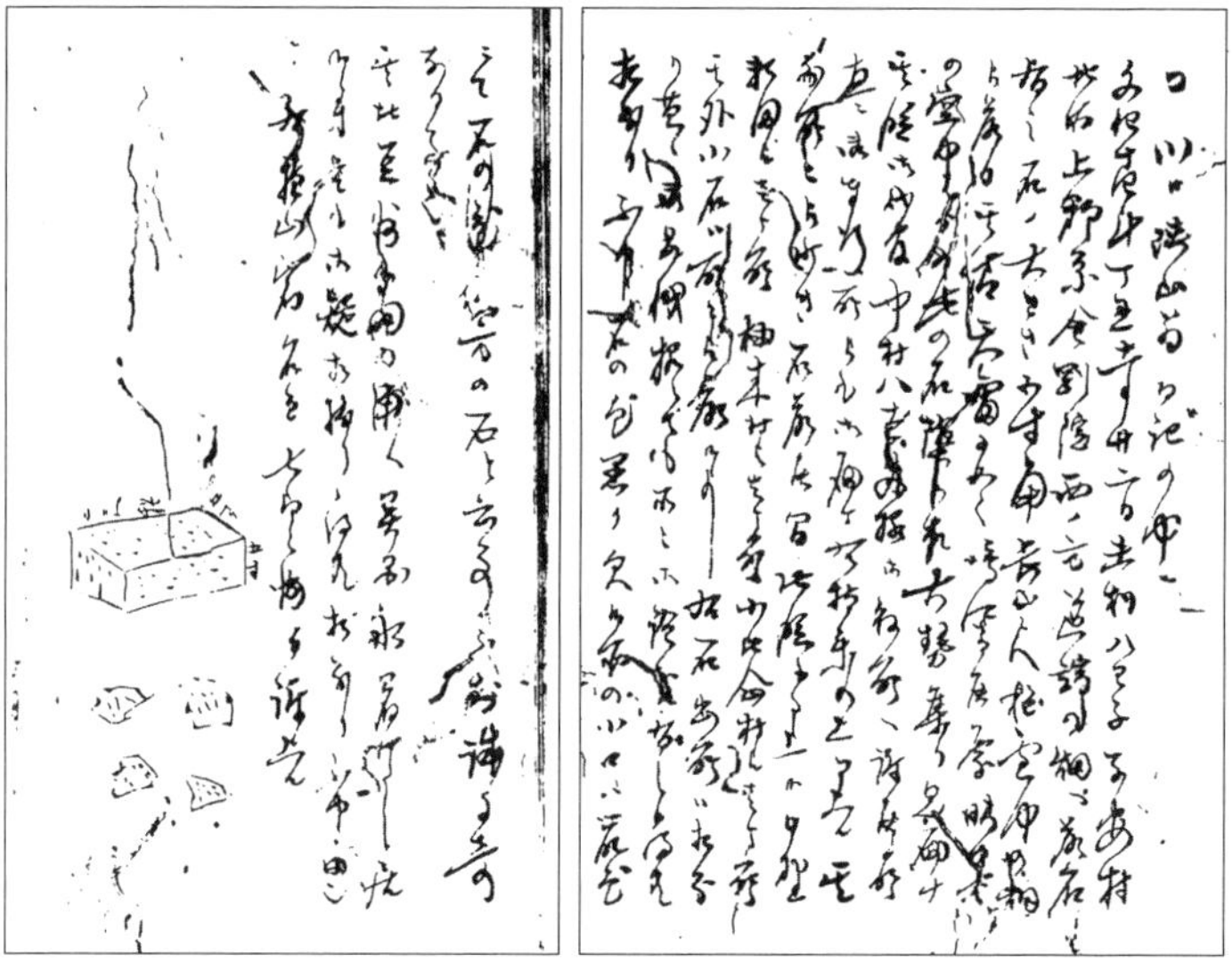

たということで、これも疑われたが、わからなかったということだ。／このこと横山宿の名主・七郎兵衛から訴えた。）

「石の大きさは五寸（約一五cm）角」とあるが、他の古文書によると、金剛院の裏に落ちた石は長さが三尺（約九〇cm）くらいで、全体が割れていたが、丸い長い石であるので、伝聞を書いていると考えられる。

「如此の石（このような石）」と記し、石のスケッチが描かれている。ただし、豆腐のような直方体に点々が付けてあるもので、実際に隕石を見た人が描いたものとは思えない。他に四つの破片の絵があるが、平面的な絵で、どれも形が違い、いびつで、石に点々が付けてあるだけである。しかし、この四つの方が割れた破片のように見える（図9）。

「御公儀でもあちこちで取調べがあった」とあるが、誰によるどのような調査であったのだろうか。

八王子より北へ約六kmの昭島市拝島町の秋山家の『天明四年　明和安永大変天明記録』にも記載がある。

図9　『里正日誌』　左に石の図がある

文化十四年丑年十一月廿一日八ツ時
南方天ニ而大キ成鳴物雷のごとく八王子江大成石ふる日野新田等江も石ふる
（文化十四年十一月二十一日、午後二時ころ／南の方の空で大きな音が雷のようだった。八王子に大きな石が降った。日野新田等へも石が降った。）

日にちが一日違うが、覚え違いで記録したのかもしれない。ここでも「降る」が用いられている。あちこちに石が降ったという情報が伝わっていたのであろう。八王子から北へ五km、福生市福生の田村家の『巣枝翁見聞夜話（そうしおうけんぶんやわ）』▲にも記載がある。

文政元寅▲十一月、少々曇り候日未の下刻頃、南方に当たりドロドロドロと三つ、天地にひびく大音せり。見やり候に、莚位いの黒煙飛び上がり候。
一同ふしんに思いけるに、追って風聞せり。
八王子小門宿ならびに大和田川原、焼け石降りて、御倹[検]使受け候よし。
其の頃は大砲もなし。また花火とても小花火計りにて、其の頃は今のような大筒はなし。

『巣枝翁見聞夜話』 筆者は田村金右衛門（一八〇九―九〇）、田村酒造創業者の田村勘次郎の次男で、明治二年（一八六九）、還暦を機に書き残したもの。八王子隕石のことは五十二年後に書いたことになる。田村家から見ると、八王子金剛院は、ほぼ真南、距離約九・五kmである。

文政元寅 文化十四年丑年の記憶違いである（文化十五年四月二十二日に文政に改元）。

また風聞に、千人町にてうちあげしよし申し候ゆえ、其の後、千人町の人に聞き合わせ候に、其の咄し一切なし。また、八王子へ石落ちし事真事なり。（文政元年寅年十一月、少々曇っていた日、未の下刻（午後二時ころ）、南の方でドロドロドロと三つ天地に響く大音がした。そのほうを見ると莚くらいの黒い煙が飛び上がった。／一同が不審に思っていたら、あとから噂が伝わってきた。／八王子の小門宿、大和田川原に焼けた石が降って、検使を受けたということだ。／そのころは大砲もない。花火も小さな花火ばかりで、今のような大筒はない。／また、噂で「千人町で打ち上げた」ということだったから、その後、千人町の人に聞いたら、そういう話は全くなかった。また、八王子へ石が落ちたのは本当のことだ。）

筆者の田村金右衛門は、隕石落下時は八歳で、どこまでが本人の体験か、本人が聞いたことか、記憶していたことであるかはわからない。

しかし、思い違い以外の内容は、すべて現実味のある内容である。「ドロドロドロと三つ天地に響く大音」は衝撃波で、落合村の「大砲などを打ったように三回大きな音」（後述の『擁書楼日記』）、「煙草を三服吸うほどの間に三、四度」（場所不明、やはり後述の『藤岡屋日記』）、中央区築地の「障子などへふたつミつ、ひゞく音」（『花月日記』）と一致する。隕石が衝撃波を発した地点からの距離で音の聞こえ方が違うと考えられる。習志野隕石の時にも「ドロドロドロ」という音を聞いていた人がいる。

「莚位いの黒煙」は隕石雲であろう。「千人町にてうちあげしよし申」すというのは、千人同心が訓練とかで、石を打ち上げたのではないか、と噂されたという意味である。ただし、そのころは大砲はないと分析をし、千人町の人の証言まで筋が通っている。

千人同心は近隣の村々に分散して住んでいる者も多く、村の人々も千人同心は千人町へ集まって訓練をしていることを知っており、「千人町で打ち上げた」という噂が広がったのだろう（田村金右衛門は後年に千人同心の株を買い、同心となる）。

検使を受けたというのは、『里正日誌』の「公儀の詮議」と一致する。調査があったとすれば、調査報告書があると考えられるが、現在、発見されていない。報告書には現場の状況などが詳しく書かれていると考えられ、報告書が出てくるのが待たれる。

雷鳴のような音

福生市から約八km西の、あきる野市の『安通万歳記』にも記録がある。

黒煙は隕石雲か　隕石雲は白い色をしていると考えられるので、「少々曇っていた」ために、隕石雲に光が当たっていず、黒く見えたのかもしれない。通常の雲も、太陽の光が当たっていると白く見え、光が当たっていないと黒く見える。

千人同心の訓練　千人町には千人同心の馬場があり、訓練を行っていた。現在の甲州街道（国道二〇号線）の西八王子駅東の交差点から北西方向の南浅川へ向かう途中の宗格院の北側に馬場があった。馬場へ向かう通りを馬場横丁と呼び、現在、甲州街道の入口に「馬場横丁」の石碑が立っている。

『安通万歳記』　伊奈村（あきる野市伊奈）の岩走（いわばしり）神社の神主・藤原（宮沢）安通の記録。岩走神社は八王子から北西に約一一kmのところにある。南の加住（かすみ）丘陵、北の草花（くさばな）丘陵にはさまれて、東西に続く谷に位置している。

冬十一月廿二日、昼中辰巳の方ニ当リ、空中ニ如雷鳴十二、三音聞ユ。此時天気吉ヨリ晴テアリ。当時所々説々多し、未詳。

（十一月二十二日、昼、南東の方で雷鳴のような音が十二、三回聞こえた。この時、天気は良く、晴れていた。当時、いろいろな説が多かった。詳しくはわからない。）

晴れているのに雷鳴のような音がして、不思議だったのであろう。「音が十二、三回」は衝撃波が伝わって、南北の丘陵で数回、反射したと考えられる。

今度は八王子から東南東の記録で、時宗の僧・春登上人（しゅんとうしょうにん）の随筆『藁裏（わらくぐつ）』。

焼石

文政元年初冬ノ頃、余文房ニ書ヲ閲シ居タルニ、何トハ知ラズ、夥シク震動シテ雷ノ如キ音セシカバ、驚キテ南窓ヲ開キ見レバ、遥未申ノ方、雲凝リテ見エタルバカリ外ハ晴天ナリキ。後ニ聞ケバ、当郡 八王子宿北ノ畑ニ焼石落タリト沙汰ス。又小野路村ノ畑ニモ焼石ノ礫落タリト云フ。如何ナル事ニカ其所由ヲ知ラズ。其時県令ヨリ公ニ届タル文書ノ写シト云。見侍ルニ去ル廿二日昼八ツ半時頃、飛物武州多摩郡八王子村ニテ、百姓清右衛門所持ノ麦畑江落申候。大キサ五尺程、竪三尺斗之焼石落候テ、土中江弐尺程打込申候。

県令ヨリ公ニ　代官より勘定奉行へ、と考えられる。

村之者共欠［駆］付見届申候所、殊之外、熱候テ近所江ハ寄付兼申候由。此段訴出候ニ付御届申候、以上。

文政元寅年十一月廿六日　御代官小野田三郎左衛門、此等モ一奇事ト云ベシ。

（焼石／文政元年の初冬の頃、自分が書斎で書を見ていたところ、何とはわからないが、ものすごく震動して雷のような音がしたので、驚いて南の窓を開いて見れば、はるか南西の方で雲が固まって見えるばかりで晴天だった。後で聞いたら、当郡　八王子宿の北の畑に焼石が落ちたと知らせがあった。また小野路村の畑にも焼石の礫（小石）が落ちたという。どういう事か、その理由はわからない。その時、県令より公に届けた文書の写しという。拝見するに、去る二十二日の八ツ半時頃（八ツ時の後半、午後二時ころ）、飛物（石）が武州多摩郡八王子村の、百姓清右衛門所持の麦畑へ落ちました。大きさ五尺程、たて三尺ばかりの焼石が落ちて、土中へ二尺ほど打ち込みました。村の者どもが駆けつけ見届けましたところ、ことのほか熱くて、近所へは寄り付きかねると言っていたということです。このこと訴え出ましたので御届けいたします。以上。／文政元寅年十一月二十六日　御代官　小野田三郎左衛門、これらも一奇事と言うべし。）

この時、春登上人がいたのは東京都多摩市関戸の延命寺で、延命寺は現在も同

図10　隕石の落下地点の可能性

じ場所にある。『六所宮神主日記』や『県居井蛙録』の府中市から南へ多摩川を渡った鎌倉街道（旧道）沿いに位置している。「夥シク震動シテ」で、この場所が衝撃波を発した場所に非常に近いのではないかと考えられる。『六所宮神主日記』や『県居井蛙録』には「西南から音がした」、八王子の『桑都日記』には「東南から音がした」と書かれており、これらの音源が現在の多摩市上空だとすると、方角が一致する。『六所宮神主日記』『県居井蛙録』『桑都日記』の音は、多摩市上空で発信された衝撃波だったのではないだろうか。

そうなると、江戸の少し北から多摩市を結ぶのが隕石の飛行経路で、この衝撃波を発した隕石は分裂して広い範囲に落下したことになる。日野から八王子の金剛院を結ぶ経路とは別である。

さて、多摩市域の「落合村に五カ所落下した」という記録があるのが、小山田与清の『擁書楼日記』『松屋筆記』で、これは落合村の絹商人・平兵衛からの情報である。落合村は現在の多摩市落合で、多摩センターの駅がある場所である。

春登上人が焼けた小石が落ちたと記している小野路村は、現在の

小山田与清の『擁書楼日記』『松屋筆記』 小山田与清（一七八三―一八四七）は国学者。「擁書楼」は書庫の名前。与清は見沼通船の差配役を務める豪商の高田家に養子に入った。文政十四年十一月二十二日には見沼通船の事務所である八丁会館（八町会館。現在の埼玉県さいたま市緑区大間木）に滞在していた。

多摩市南部から町田市小野路町の北部あたりになる（昭和四十八年（一九七三）に町田市小野路町の一部が多摩市へ編入されたため）。隕石雨は最も大きい隕石が一番遠くまで飛ぶため、さらに遠方の町田市小野路町や、さらに先にまで落ちている可能性があるのである（図10）。

隕石落下後の十一月二十八日に、小山田与清のところを春登上人と赤沢内蔵助が訪ねている。後述する『擁書楼日記』の十一月二十八日の部分には隕石のことが書かれているが、この時の春登上人の発言内容は記載されておらず、残念である。

埼玉見沼で聞く音、そして伝聞

小山田与清の『擁書楼日記』『松屋筆記』には埼玉県での音や目撃の記載がある。その後、小山田与清は江戸へ戻り、人づてにさまざまな情報を集めている。

まず『擁書楼日記』。

［十一月］廿二日、晴、午打さがるころ、富士箱根の方にあたりて、雷のごときひびきあり、出て望むに西南の空かきくもりて、何のゆゑという事をしらず、

廿八日、雪、四時に晴ぬ、春登法師、赤沢内蔵助まうでく、内蔵助語云、廿二日の震動の時、武蔵八王子近所の子安村、同大和田川原、日野の原の三所へ、三尺計の石空より落たり、他所に落ちたるは全くして、地中三尺計も打こみたり、大和田川原なるは、石地へ落たれば、くだけたりといへり、そのくだけを人のもて来て見せたりしに、焼石のさま也きといへり、

［十二月］九日、晴、今日武蔵多摩郡落合村の絹商人平兵衛来て語曰、十一月廿二日の震動を、かしこにてきゝしは、はじめ大筒など放たらんやうに、三度いかめしきおとせしかば、おどろきて空中を仰見るに、煙などのさまに薄雲たなびきて、中にあまたの石などまろばすごとく、おどろおどろしくきこゆる事、時中ばかりにしてやみぬ、その跡にてきけば、落合村に、五六寸より一尺ばかりの焼石隕たるが五所あり、そのさま焼くろみて、中は質のやはらかなる石也、また堀の内村へ隕たるは、長さ二尺ばかりの薄き石にて、僑の字を鐫たる也、寺澤村の八左衛門といふものゝ庭へ隕たるは、重さ十三貫目あり、八王子の子安村、大和田村の河原、日野の原などへも、隕たりといへり、人の風聞には、富士の麓にて大筒のためし打せりとも、または伊豆の山より螺貝▲ぬけ出たりともいへり、されば熱海よりかへりし人のものがた

螺貝　つぶ貝。ホラ貝のことか。

りには、かしこにはさることたえてきこえずとなん、また相模の大山わたりの人の見しは、箱根の方より雲おこりて空中を鳴もてこしが、大山へつきあたるやうにして、またもとのかたへ飛さりぬともいへり、かくとりどりにのゝしりさたすれど、いづれの所よりおこりしといふ、さだかなることはいまだきかずといへり、

十一月二十二日に小山田与清のいた埼玉の大間木から、隕石が衝撃波を発したと考えられる多摩市あたりへは、南西の方向で、距離は約三五㎞あり、直接に音を聞いたという記録では最も遠い場所である。

十一月二十八日の赤沢内蔵助の話は、先述の『我衣』に記載されている「子安宿に長さ三尺ほどの石が、深さ三、四尺の土中に落ちた」というのと一致し、子安宿のことと考えられる。

大和田川原に落ちたものは砕けて、人々が持って行ったことがわかる。

赤沢内蔵助がどういう人かは不明。

十二月九日の落合村の絹商人・平兵衛の話の「大砲などを打ったように三回大きな音がした」は、前述のとおり、飛んで来た隕石が音速を超えて衝撃波を発した音と考えられる。前述の『藁裹』の春登法師については、発言内容の記載がな

図11　音が記録された場所の範囲は広い

いが、この音を聞いていた。遠方から音を聞いた小山田与清、衝撃波を発した地点に近い場所にいた春登法師、そして石を見た赤沢内蔵助の三人が、石や音について話し合う光景が想像できる。

同じく小山田与清の『松屋筆記』には、「墜石」と題して『擁書楼日記』の内容と、白河侯の上総国鉄砲台の焔硝蔵が失火で蔵の築石が多く飛び出したという噂話、中国の『池北偶談』に記載されている「墜石」のことを載せている。

東海道の生麦の商家、関口家の日記『関口日記』にも記録がある。現在の神奈川県横浜市鶴見区生麦における目撃談である。

八ツ時頃　飛物いたし震動

(午後二時ころ、火球が飛んで、震動した。)

音については広い範囲で聞かれており(図11)、さらに広い範囲への調査により、音が記録された古文書が発見される可能性がある。

四▶江戸の記録、江戸の噂

江戸では、十一月二十二日当日の状況の記録の他に、人づての話や公辺から洩れてきた情報、またさまざまな噂話を記しとどめている。本章ではそれらを紹介しよう。

代官所・奉行所への届け出

まずは前出の『花月日記』。

［十一月］廿七日　けふきけバ、このごろひゞきわたりて飛行しモノハ、八王寺のほとりの中へおちてけり。おちたるもの四尺斗の石なりとて、その石少しそへて訴出しとぞ。
［以下、小字］
さるにその後聞バ、八王子の辺へも三ツ斗もおちて、長三尺あまり、はゞ八寸位、火にやけし故や、四五十貫ともミゆるが、わづか三貫め斗ありしといふ。そのおちたるをミし人のかたりしに、雲か煙の、こりたるもの来るとお

ぼゆれバ、向の方よりも雲来りて行あふとミえしが、ことの外なる音しておちぬ。かミと皆々おもひたり。女ご子どもハいとおどろきて泣さハぎし、とぞいふ。江戸にてミしに、色青きものともいひ又あかしといふものあり。又形なく雲のこりたるもの飛来りて、聊[いささか]いなびかりのしたれバ、音出しと、たしかにミし人かたる。上州安中ハことにひゞきつよくて、四五日浅間山やけしが、それよりやけ止しともいふ。上総の竹が岡ハ音も響もつよかりしとぞ。さまざまかたりぬれども、それといふべきことなし。遠州の沖へも、かの石落て、船四艘くだけぬると聞へり。かようなる事をも誰たづねさぐる人もなし。音せし二三日ハ何かといひしが、たえてその後いふものなし。いとゞあやしき事とおもへバ、こゝへ書そへぬ。

(文化十四年十一月二十七日　今日聞いたら、この前、音がして飛んで行ったものは八王子近辺へ落ちたということだ。落ちたものは四尺くらいの石ということで、その石を少し添えて訴え出たということだ。／そして、その後に聞いたら、八王子あたりに三つくらい落ちて、長さ三尺ちょっと、幅八寸くらい、火で焼けているためか、四、五十貫とも見えるが、わずか三貫目くらいだったという。その落ちたものを見た人が語ったのに、雲か煙の固まったものが来ると思ったら、向こうの方から雲が来て、行き会う（交差する？）と見えたが非常に大きな音がして落ちた。雷だと皆が思った。

女性子どもはとても驚いて泣き騒いだという。また江戸で見たら、色は青いものとも言い、または赤かったと言う者もある。また形はなく、雲の固まったものが飛んで来て、少し稲光がしたので音もしたと、確かに見た人が言った。上州安中は特に響きが強くて、四、五日浅間山が噴火したが、それから止んだとも言う。上総の竹岡は音も響きも強かったという。いろいろ語るけれど、それと言うべきことなし（原因はわからない）。遠州の沖へも石が落ちて船が四隻砕けたと聞いた。このような事も誰も調べる人がいなかった。音がした二、三日は何だろうと言っていたが、その後言う者は全くいなくなった。とても怪しいと思ったので、ここへ書き添えた。）

八王子近辺へ石が落ちたこと、その石を少し添えて訴え出たということが、五日後の十一月二十七日には江戸へ伝わっていたことがわかる。山崎美成の随筆『海録』にそれについての記載がある。

石飛で八王子へ落

　乍恐以書付御訴申上候、

武州多摩郡八王子横山宿之内、名主彦右衛門、年寄半右衛門奉申上候、当月廿二日、天気快晴に御座候処、未刻比空中雷鳴之様に地響震動致候所、当宿

内地所之内、字上野原金剛院脇畑へ、其節空中より怪敷もの落候由に付、早
速罷越見分仕候処、畑に処々〔雪脱〕有之候所五六尺之内、四方へ泥はね候様子に見
え、地中四尺程窪り相成り候間、打寄掘出申候へば、大さ凡長三尺廻り、横
五六寸、厚さ六七寸計の石にて、外廻は黒く、勿論落候節響にて割候様子に
て、悉割有之、空中鳴響候後、空中に白気二三間へ飛去り消失御座候、余り
不思議成儀に付、右欠石相添、此段御訴奉申候、以上、

当御代官

武州多摩郡八王子横山宿之内子安宿

名主　彦右衛門

年寄　半右衛門

文化十四年丑年十一月

小野田三左衛門様御役所

同郡八幡宿百姓、鉄物屋多葉粉や商仕候安房屋太郎兵衛、同郡大北田村川原
あさ川原と申所へ落候分、長さ五尺程御座候、同郡□新田高喰、三蔵丸さ成
石、

（石が飛んで八王子へ落ちる／恐れながら書付をもって御訴え申し上げます。／武州
多摩郡八王子横山宿の内、名主彦右衛門、年寄半右衛門申し上げ奉ります。当月二十
二日、天気は快晴でございましたところ、午後二時ころ空中で雷鳴のように地響き震

動しましたところ、当宿内の地所の内、字上野原の金剛院の脇の畑へ、その折空中より怪しいものが落ちましたので、早速、行きまして見分しましたところ、畑にところどころ（雪が）あるところへ、五、六尺（約一・五～一・八ｍ）の範囲で四方へ泥をはね飛ばした様子に見え、地中に四尺（約一・二ｍ）ほど窪まっていましたので、集まって掘り出しましたならば、大きさおよそ長さ三尺（約九〇cm）くらい、横五、六寸（約一五～一八cm）、厚さ六、七寸（約一八～二一cm）くらいの石で、外まわりは黒く、もちろん落ちました時の衝撃で割れたようで、バラバラになっていました。空中を鳴り響いた後、空中に白気が二、三間（約三・六～四・八ｍ）へ飛び去り、消えてしまいました。あまりに不思議でしたので、右の欠け石を添えて、このこと御訴え申し奉ります。以上。／当御代官／武州多摩郡八王子横山宿之内子安宿／名主　彦右衛門／年寄　半右衛門／文化十四年丑年十一月／小野田三左衛門様御役所／同郡八幡宿百姓、鉄物屋多葉粉屋（煙草屋）商いしております安房屋太郎兵衛、同郡大北田（大和田）村川原の浅川原というところへ落ちましたのは、長さ五尺（約一五cm）ほどありました。同郡□新田高喰、三蔵丸さ成石（不明）、

前段の名主の届出書は二章の『我衣』の届出書の内容とほぼ同じである。後段の「安房屋」は、同じかどうかはわからないが、現在も八幡町に阿波屋金物店が

ある。「大北田村」は大和田村、「新田高喰」は新田高倉の読み違えであろう。

江戸の情報・遠地に遺される記録

最初は火の玉の飛行を見て「あれはなんだ⁉」と思っていたところ、「八王子へ石が落ちた」ということが伝わってきて、「火の玉は石だったのか⁉」となり、人々は「では石はどこから飛んできたのか？」と好奇心をかき立てられたにちがいない。

『藤岡屋日記』▲にも記載がある。これは代官・小野田三郎右衛門から上役の勘定奉行への届の写しに拠っているらしい。

文化十四丑年十一月廿二日
八王寺宿江怪敷石堕候紀書付
今昼八ツ時頃、晴天に雷鳴致し、空中ニ猟師鉄砲の音位、煙草三服程之間、三四度、後ニのろしの玉割れ候程の□□続ケ、二度山谷ニ響ケ、近キ雷之戸障子へ響如くニ付、村内の者共家外江駈出、空中を見合候内、八王寺横山宿の内子安宿百姓忠七所持の麦畑江怪敷もの堕チ候様子ニ而土煙り立、虚空へ二三間四方と見へ候白気立登、東北ゟ未申の方江巻上ゲ消去ニ付、村内之者

『藤岡屋日記』 著者は須藤由蔵（一七九三—没年不詳）、江戸の情報屋と呼ばれた。

駈付見受候処、右之堕物土中へ四尺程落埋り、其廻り五六尺四方程砂飛散、何共不相知候ニ、打寄り堀穿チ見受候処、長サ三尺程、巾六七寸、厚五六寸程之焼燻り候石、悉くひびけ砕有之候間訴出候。

（文化十四年丑年十一月二十二日／八王子宿へ怪しい石が落ちたことについての糺(ただ)しの書付／この昼の八つ（午後二時）ころ、晴天に雷鳴がし、空に猟師の鉄砲くらいの音が、煙草を三服吸うほどの間に三、四度、その後のろしの玉が割れたほどの□□が続き、二度山谷に響き、近くの雷が戸障子に響くみたいであったので、村内の者らは家の外へ駆け出し、空を見合わせるうちに、八王子横山宿内子安宿の百姓忠七所持の麦畑へ怪しいものが落ちたようで、土煙が立ち、虚空へ二、三間四方くらいと見える白気が立ち上り、東北から西南の方角に向けて巻き上がり消え失せたので、村内の者が駆け付け見受けたところ、その落ちたものは土の中へ四尺ほど落ち埋まり、そのまわりは五、六尺四方くらい砂が飛んでいて、何であるかわかりませんでしたから、集まって掘ってみたところ、長さ三尺くらい、幅六、七寸、厚さ五、六寸くらいの焼き燻(いぶ)した石の、あちこちひびが入り砕けたものがありましたので、訴え出ます。）

長三尺程、巾六七寸、厚五六寸程　　八王子横山宿之内　子安宿

大サ火鉢程之位　地所聢(しか)と相不知　　大岡源右衛門支配、日野宿 当御代官栗次村　野間江壱ツ

小石ニ候哉、河原石へ当り合砕ケ地内浅川原へ落、往来之者拾取、形無之由

久松忠次郎 前田信濃守 知行之由　大和田村へ壱ツ

大小不知

石川重右衛門 和田伝右衛門 知行之由　柚木村へ壱ツ

目方三貫程之往来之者掘取、道筋之茶屋ニ休、咄候由

同村最寄　樋田街道へ壱ツ

右五ヶ所、子安宿ゟ柚木村迄道法二里余、其外へ落候由は不及承旨、子安宿村役人申立候。

（長さ三尺くらい、幅六、七寸、厚さ五、六寸くらい　八王子横山宿の内の子安宿／大きさ火鉢くらい、（落ちた）場所ははっきりわからない　大岡源右衛門支配日野宿・当代官支配粟次村の野間へ一つ／小石であろうか、河原石に当たって砕け、その地の浅川原に落ち、行き来のものが拾い取って、形は（わから）ないとのこと　久松忠次郎・前田信濃守知行という大和田村へ一つ／大小はわからないとのこと　石川重右衛・和田伝右衛門知行という柚木村へ一つ／重さは三貫くらいで行き来の者が掘り取って、道筋の茶屋に寄ってその話をしたという　柚木村最寄りの樋田街道へ一つ／右の五カ所、子安宿から柚木村まで道のりは二里あまり、そのほかに落ちたものについては承知していない旨、子安村役人から申し立てがありました。）

樋田街道　豊田村（現在の日野市豊田）へ向かう豊田街道のことか。

私御代官所武州多磨郡八王寺横山宿之内、子安宿地内百姓忠七所持之字上ノ原麦畑へ、当月廿二日昼八ツ時頃、晴天ニ雷鳴地響致し怪敷物落候様子ニ而白気登り土煙立候ニ付、村内之者駈付打寄見受候処、地四尺程窪ミ黒く焼荒候、石悉砕有之候間、堀出し砕ケ見候処、長三尺程、巾六七寸、厚五六寸程も有之候段、村役人共訴出候、依之右石砕一ツ相添、此段御届申上候、以上。

丑十一月廿六日　小野田三郎右衛門

（私が代官をしている武州多摩郡八王子横山宿の内、子安宿の地の百姓忠七所持の字上野原の麦畑へ、当月二十二日午後二時ころ、晴天のところ雷鳴地響きがして、怪しい物が落ちた様子で、白気が立ち昇ぼり、土煙が立っていましたので、村の者が駆けつけ集まって見受けましたところ、地面が四尺ほどくぼんで、黒く焼け荒れていました。石はみな砕けていましたので、掘り出して、砕けたところを見ましたところ、長さおよそ三尺程、幅六、七寸、厚さ五、六寸程でした、村の役人が訴え出ましたので、この石の砕けたもの一つを添えて、このこと御届け申し上げます。以上。／丑十一月二十六日　小野田三郎右衛門）

衝撃波による音が「猟師鉄砲の音位、煙草三服程之間、三四度▲」と詳しく記載

猟師鉄砲の……　チェリャビンスク隕石の動画で、同じような音が三回しているものがあり、落下経路に近い場所での音だと考えられる。

されているが、どこでの音の記録かが記されておらず、残念である。

その後の「のろしの玉割れ候程」の音が「山谷に響き」ということからすると、江戸でも八王子でもなく、日野市南部や多摩市の丘陵に挟まれた谷の地形（谷戸地形）の村であると考えられる。

後段は、代官・小野田三郎右衛門から上役の勘定奉行への届出書の写し。

伊予国大洲藩医師『谷村元珉純甫日記』にはこうある。

○隕石落下
私支配所武州多摩郡八王子村百庄清右衛門麦畑之内去廿二日昼八ツ時過飛物落入候。大サ横四尺余竪三尺五六寸位之焼石土中江四尺余打込候処、近所殊外熱寄付兼候段訴出依之御届申候。
丑十一月廿五日　小野田三郎右衛門
右御勘定所へ御届出也。
或云落所二町四方程熱難為近、又石落多烟夜発碧紅之炎白石ト云鉄為爛難為働云

（○隕石落下／私が支配しております武州多摩郡八王子村の百姓清右衛門の麦畑に去る二十二日昼八ツ時過ぎ（午後二時ころ）飛物が落ち入りました。大きさ横四尺余、

『谷村元珉純甫日記』　伊予国大洲藩（愛媛県大洲市）の江戸詰藩医が書いたものである（子孫の方が訳して出版された『谷村元珉純甫資料集成』より）。

八王子村　前述のとおり「八王子」は十五宿のことであり、「八王子村」という村はない。

たて三尺五、六寸くらいの焼石で、土の中へ四尺あまり打ち込みました。近所は殊の外熱く、近寄りかねるということ訴え出てきましたので、お届けいたします。／丑十一月二十五日　小野田三郎右衛門／右御勘定所へ御届出也。／あるいは言う。落ちた所二町四方程が熱のため近づき難い。また、石が落ち、煙を多く発し、夜に碧紅(みどりべに)色の炎を出す白石と言う。鉄爛れのため、働き難いと言う。）

前段は小野田代官から勘定奉行への届出書の写しをさらに写したものと考えられる。

江戸時代、各藩から江戸へ藩士が来ているため、江戸での見聞を日記に記して国に持ち帰ったり、国に帰って不思議な石の落下のことを話したかもしれない。

そうして地元に残されている八王子隕石の記録が日本各地にある可能性があることを気づかされた古文書であった。

五▼幕府の対応・天文方の調査

八王子宿の名主などから江戸の代官・小野田三郎右衛門へ届けられた届出書と石の破片は、その後、代官から上役の勘定奉行へ届けられたことがわかる。

代官の届出書は、随筆『文化秘筆』（筆者不詳）にも記載されている。

『雑事記』――幕府の記録

この勘定奉行に届けられた届出書と石の破片のその後のことが記されているのが幕府の記録である。国立公文書館の内閣文庫に保管されている『雑事記』に幕府の対応と天文方の調査結果が記載されている（図12）。

まず、代官から勘定奉行への届出書を記載している。これは『藤岡屋日記』に記載されている内容とほぼ同じである。さらに代官から勘定奉行への届出書の写しとして、前のものと似た内容に加えて、石の落ちた場所として、上野原の麦畑以外の四カ所が記載されている。栗須村野間（「野間」は地名ではなく「野原」の意か）、大和田村浅川原、柚木村、樋田街道で、これも『藤岡屋日記』とだいたい同じ内容である。

次いで、勘定奉行からどのような経過で若年寄へ報告（届出）が上がったのかは不明だが、石が落ちたことについて若年寄から天文方へ調査が命じられ、それについての報告が奥右筆を通じて若年寄に上がっている。その経緯と報告書が次のAである。

A

右ニ付十一月廿七日堀田摂津守▲殿右之墜砕石壱寸五分四方程壱ツ台南暦局江御下ゲ考ニ差出候様被仰渡候事

十一月廿九日蔵之丞を以摂津殿へ上ル

（右につき、十一月二十七日、堀田摂津守殿が右の石の破片一寸五分（約四・五㎝）四方程一つを台南暦局へ下げ渡し、調査して差し出すように仰せ渡されたこと／十一月二十九日、奥右筆・布施蔵之丞が報告書を摂津殿へ上げた。）

去ル廿二日武州多摩郡八王子横山宿之内落石有之候趣御尋ニ付勘孝[考]仕候処、空中より石落

堀田摂津守正敦　一七五八—一八三二年。幕府若年寄、近江国堅田藩主。

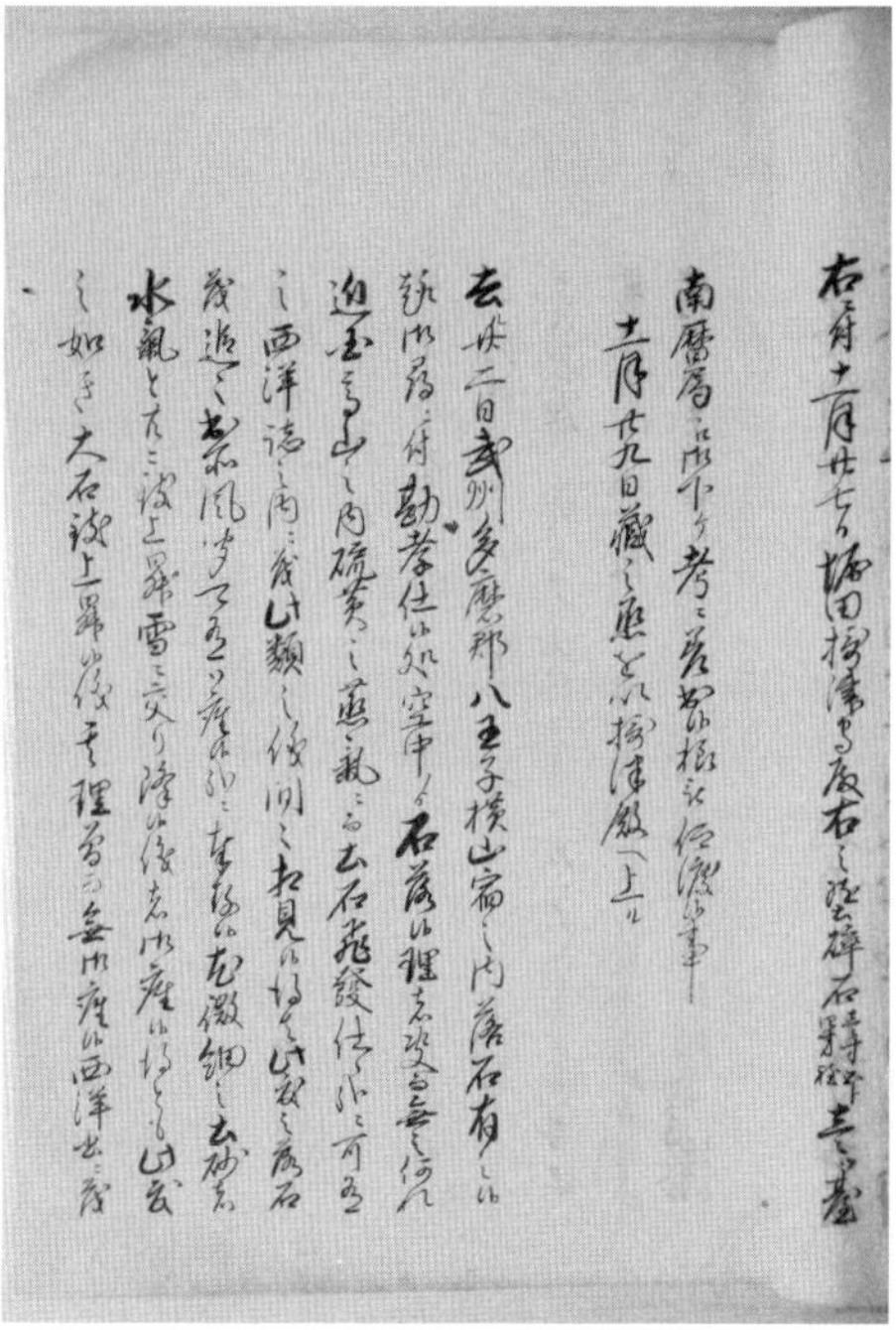

図12　『雑事記』

候理者決而無之、何れ近国高山之内硫黄之蒸気ニ而土石飛発仕候哉ニ可有之、
西洋誌之内ニも此類之儀間々相見候得者此度之落石も追々出所風聞可有御座
候哉ニ奉存候、尤微細之土砂者水気と共ニ致上昇雪ニ交り降候儀者御座候得
ども此度之如き大石致上昇候儀其理曽而無御座候、西洋書ニも見当り不申候、
但、春秋僖公十六年経ニ正月戊申朔隕石于宋五、伝に隕星也と相見へ杜氏之
注ニ聞其隕視之石数之五、且荘公七年星隕如雨等、之を引而注解有之候得者
何れ飛散之響有之候趣ニ相聞へ全く落星と見込伝解有之候得者、経ニ者只隕
石と而己［已］有之候得者、果而星とも難決哉ニ御座候、尤深公古代天学未発之頃
陰陽家之説ニ而隕星之儀色々申伝候得共恒星之如きハ各辰　度有之、地球よ
りも至而大成物ニ而終古不易決而隕落之理無御座候、右隕星之儀ハ全く妖星
と申考ニ而星ニ而無之、火気之火際ニ結聚シ時として致飛散候を地上より至
而高きをバ流星と見請、地上ニ近きハ飛物抔と称し、則古来隕星と申者ニ御
座候、其出気を帯而上昇結聚致候者右之如く固く落候趣、古人も論置申候、
則天経或問彗字之条ニ火気従下挟土上升不遇陰雲不成雷電凌空直突至于火際
火自帰火挟上之土軽微熱燥亦如炱煤乗勢直衝遇火便然状如薬引今夏月奔星是
也其土勢大盛者有声有路下及于地或成落星と隕石隕星同物に論置申候得共必
定之正論共不被存、是等之説西洋諸書ニ見当り不申、恐らくハ其近国高山硫

黄之蒸気ニ而大石焼発致し遠方へ致飛散候を色々説立隕石とし或ハ隕星と伝会し申伝候哉も可有之と存候、尤其甚ニ至而ハ信州浅間ヶ岳肥前温泉岳之如く満山焼発致シ土石数十里ニ飛散致し候趣及承候、此度之落石も春秋ニ記伝候隕石ニ似寄候得共、伝解申伝候隕星ニハ有之間敷、前文申上候通多くハ近国高山之内硫黄之蒸気ニ而少シク土石吹出候哉ニ奉存候、且天文大成ニ金石飛動之占等載有之種々吉凶記有之候得共、全く陰陽猥雑之余論ニ而一向実理取留候儀ニハ無之候、且又此度之落石一覧仕候処黒方ハ表面ニ而硫黄之蒸気ニ而焦燻致候哉ニ相見へ、其余者破砕之方と相見へ、脆き様子ニ御座候、右之外石落候場所私及承候者、八王寺近村幷川越辺四五ヶ所江落候趣ニ御座候得者、旁近国之内高山硫黄蒸発之石ニ而も可有之、尤追々出所風聞も可有御座哉と奉存候、依之此段申上候、以上

丑十一月　　高橋作左衛門▲

（去る二十二日に武州多摩郡八王子横山宿に落石があったことを御尋ねにつき、よく思案（調査）いたしましたところ、空中より石が落ちるという道理は決してなく、いずれ近くの高山の硫黄の蒸気（噴火）で土石が飛び出したと考えられます。西洋の書誌にもこの類のことは時々見られますので、今回の落石も、追々、出所が伝わると思われます。微細の土砂は水蒸気とともに上昇し、雪に交って降ることはありますが▲、

高橋作左衛門景保　一七八五―一八二九年。幕府天文方筆頭、兼書物奉行。

微細の土砂は……　雲は小さな水滴や氷からできているが、水滴や氷が成長するのには核が必要で、核になるのは土、黄砂、火山灰、海塩など。

今回のような大石が上昇する道理はなく、西洋の書物にも見当たりません。ただし、『春秋』僖公十六年「正月戊申朔隕石于宋五」伝に隕星なりと見え、杜氏の注に「隕ちた石の数五」と聞くとあります。かつ、荘公七年「星が雨のように落ちる」等のことを引用し説明しているので、いずれ飛散の響きがある趣に聞こえ、全く落星と見込んで伝えているので、経にはただ隕石としているので、果たして星とも決めがたいかと考えます。古代の天文学未発達のころの陰陽家の説で、隕星のことは色々申し伝えていますが、恒星は各星、地球よりも至って大きなもので、長い年月不変で、決して落ちるという道理なく、書物にある隕星のことは全くあやしい星（流星、彗星のことか）と考えられ、星ではなく、火気の火際（恒星の表面のことか？）に集まり、時として飛散したものを地上より至って高いところのものを流星と見て、地上に近いのは飛物などと称し、古来、隕星というものです。その星から出て上昇して結集したものが右のように固まって落ちることは、古人も論じています。『天経或問』（てんけいわくもん）▲「彗孛」の条に、「火気従下挟土上升不遇陰雲不成雷電凌空直突至于火際火自帰火挟上之土軽微熱燥亦如炱煤乗勢直衝遇火便然状如薬引今夏月奔星是也其土勢大盛者有声有路下及于地或成落星」と、隕石と隕星を同じものに論じていますが、定まった正論ではなく、これらの説は西洋諸書に見当たらず、恐らくは、その近国の高山硫黄の蒸気で大石が焼発（噴火）し、遠方へ飛散したことをいろいろ説を立てて隕石とし、あるいは、隕星

『天経或問』　一六〇〇年代後期に中国で書かれた西洋天文学の入門書。

浅間山、肥前温泉岳　浅間山は一七八三年に大噴火。温泉岳は長崎県の雲仙岳のことか。これは一七九二年に大噴火。

『天文大成』　一六〇〇年代中期の百川正次『天文大成管窺輯要』か。

と申し伝えたと考えます。その甚だしいものでは信州の浅間山、肥前温泉岳のように全山が噴火し、土石が数十里に飛散したことを聞いています。今回の落石も、『春秋』に記され伝わっている隕石に似ていますが、伝わっている隕星ではあるはずがなく、前文で申し上げましたとおり、多くは近国の高山の硫黄の蒸気で少し土石が吹き出たと考えられます。かつ、『天文大成』に金属、岩石が飛ぶことについての占い等が掲載され、種々の吉凶の記述がありますが、全く陰陽入り乱れた本論外のもので、真実の理論ではありません。かつまた、今回の落石を拝見しましたところ、黒い方は表面で硫黄の蒸気で燻したと見え、その他は破砕された方と見え、もろい様子です。右のほか、石が落ちた場所は私が承ったところでは、八王子近村並びに川越あたり四、五カ所へ落ちたということですので、近国の内、高山の硫黄が噴火した石ということもあることで、追々、出た所の風聞もあるのではないかと存じます。これにより、このこと申し上げます。以上／丑十一月　高橋作左衛門)

B

別紙落石之義、猶又只今風聞及承候処、田村右京太[大]夫家来出府之節道中筋ニ而去廿二日八ツ時頃日光山辺ニ相当り、黒煙立震動雷鳴之如く相聞へ正敷見受候由、左候得者別紙申上候通硫黄之蒸気ニ而其辺より焼発仕候儀と奉存候、

依之此段猶又申上候、以上

丑十一月

高橋作左衛門

江戸へ出て来る道筋、去る二十二日八ツ時（午後二時）ころ、日光山あたりで、黒い煙が立ち、震動が雷鳴のように聞こえたのを、まさしく見うけたということです。ですので、別紙で申し上げましたとおり、硫黄の蒸気でそのあたりより焼発（噴火）したことと存じます。これにより、このこと、なおまた申し上げます。以上／丑十一月

（別紙の落石のこと、なおまた、ただ今話を聞きましたところ、田村右京大夫▲の家来、高橋作左衛門）

一、去年十一月二十二日落石之義ニ付左之書付之趣何ぞ相知候義者可有之哉之旨摂津守殿布施蔵之丞を以被仰聞候事　寅正月廿五日也▲

（一、去年十一月二十二日の落石について、左の書付のことについて何かわかったことがあるかと、堀田摂津守殿が布施蔵之丞を通じて仰せられたこと　寅年正月二十五日のこと）

一、十月頃の飛物出所知れ不申候処、伊豆権現の山の内より出候哉と申聞已ニ石別当盤若院出府家来咄候ニ者、ことの外乃ひゞきにて小僧などハ不

田村右京大夫　陸奥国一関藩主・田村宗顕のこと。田村宗顕の実父は堀田正敦。

寅正月　文化十五年一月のこと。石が落ちた文化十四年十一月二十二日から年が明けた一月。のち、文化十五年四月に文政に改元。

覚三丁斗りにげはしり候程之事の由、樵夫なども権現の森の上より水へ飛候と申候由、右盤若院へたのませ候得者委敷せんさく致可申候至而深き山ゆへ直ニハ知れかね可申候と申候よし

高橋作左衛門

（一、十月頃の飛物（落石）の出所がわからなかったところ、伊豆権現（現在の伊豆山神社）の山の中より出たかもと聞き、伊豆権現の別当・盤若院（現在の般若院）の江戸に来た家来が話すには、ことのほかの音で、小僧などは思わず三丁ばかり（約三三〇ｍ）逃げ走ったほどのことだという。木こりなども権現の森の上より水へ飛んだということです。盤若院へ頼めば、くわしく調べると申しておりますが、深い山ですので、すぐにはわからないでしょうと申しているということです。／高橋作左衛門）

C

去十一月落石之儀御尋之節何れ近国高山之内硫黄之蒸気ニ而致飛散候、右ニも可有之追々出所風聞可有御座旨申上置候処、別紙之趣ニ而ハ伊豆権現之山中より蒸発仕候ニ相違有御座間敷奉存候、世上ニ而者専ら空中より落候趣種々取沙汰有之候得共全く俗間之習ニ而、右様之義ハ理ニ於て決而無之義ニ御座候、尤彼地者温泉有之硫黄多き中に御座候得者左も可有御座愚按と符合

仕、於私安心仕候、依之段申上候、以上

高橋作左衛門

寅正月

（去十一月、落石のことお尋ねの時、いずれ近国の高山の内、硫黄の蒸気で飛散したと、追々、出所について風聞あることを申し上げておきましたが、別紙の内容のように伊豆権現の山の中より蒸気によって飛ばされたことは間違いなく存じます。世間では、もっぱら空中より落ちたということ、いろいろ噂をしておりますが、まったく民間の慣習（噂）で、右のようなこと（石が空中から落ちること）は道理にないことでございます。いかにも彼の地（伊豆権現）は温泉があり、硫黄が多い場所ですので、そういうこともあるかと、私の案とも一致しますので、私も安心いたしました。よって、このこと、申し上げます。以上／寅正月　高橋作左衛門）

A・B・Cは、天文方・高橋景保の一連の報告書である。長い報告書の中に「（近国の高山の）硫黄の蒸気」が六回も登場し、空から石が落ちることを一貫して否定している。

Aは十一月二十七日、若年寄・堀田正敦が、配下の天文方へ約四・五cm四方の石の破片を渡して、調査するように命令し、十一月二十九日に高橋景保の調査書を奥右筆・布施蔵之丞が堀田正敦へ渡した調査内容である。高橋景保は中一日で文献調査のみで調査書を作ったことになる。現地調査はしていない。

Bは、十一月中に出した調査書で、八王子に石が落ちた同じ時刻ころに「日光山あたりで、黒い煙が立つのを見、震動が雷鳴のように聞こえた」ということを報告し、「火山の石であった」ことを裏付ける報告書となっている。

後段の箇条書きでは、伊豆権現の別当・盤若院からの情報で、「大きな音がした」ので、「権現の森の上より水へ飛んだ」というと、伊豆権現に当時池があったのかどうかわからないが、箱根権現（と芦ノ湖）と混同しているのではないかとも考えられる。

日光山、伊豆権現いずれも、Cの調査書の「近国の高山の硫黄の蒸気」を裏付ける情報となっている。Cは、石が落ちた十一月二十二日から、ひと月以上を経て年が明けた文化十五年一月の日付で書かれている。確たる情報の記載がないが、「石は伊豆権現から蒸気によって飛ばされたのに間違いない」と断じている。ひと月以上を経て、根拠の記載がない報告書を提出しなければならないという、どんな必要性があったのだろうか。

落石届け出から天文方報告まで

ここで、十一月二十二日の石の落下から高橋景保の調査報告まで、日付を追っ

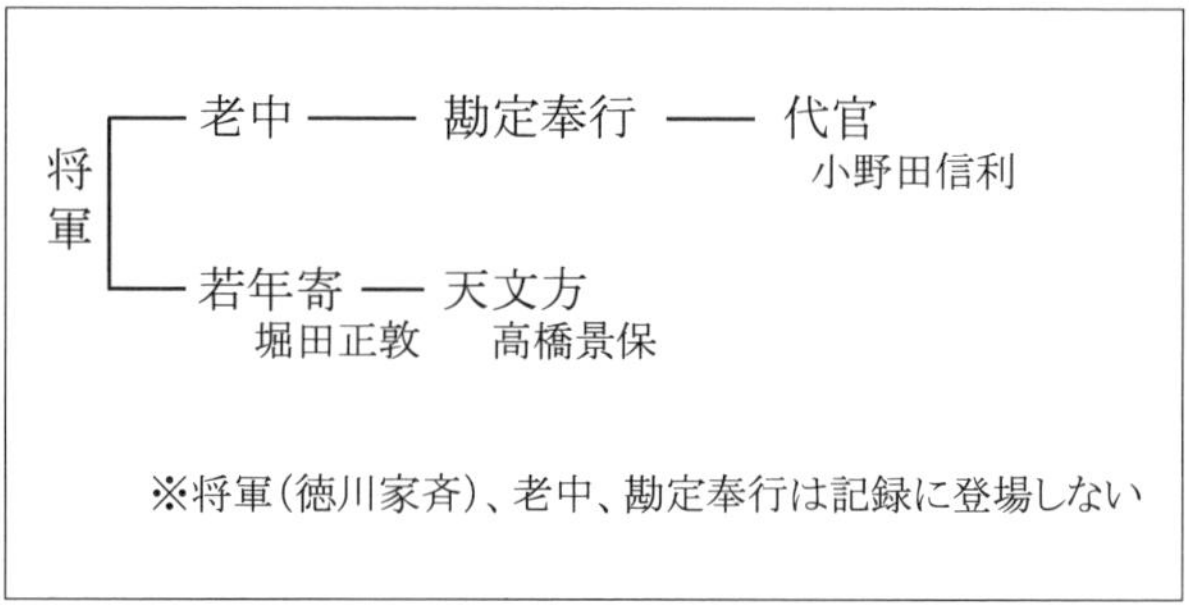

将軍
老中 —— 勘定奉行 —— 代官
小野田信利
若年寄 — 天文方
堀田正敦　高橋景保

※将軍（徳川家斉）、老中、勘定奉行は記録に登場しない

図13　幕府の体制

て整理してみよう。

八王子の名主から江戸の代官への届出書の日付は、同日の十一月二十二日。

代官から上役の勘定奉行への届出書の日付は、『文化秘筆』によると十一月二十六日。『雑事記』の記載は「十一月」としており、日付の記載がない。勘定奉行の上役は老中であるが、勘定奉行から老中への届出書は現在のところ、見つかっていない。

次が、老中と同格である若年寄から配下の天文方へ調査を命じた『雑事記』の記載である（図13）。勘定奉行の後、老中から若年寄へどのようなやり取りがあったのかはわからないが、勘定奉行へ届出書が出された日の翌日十一月二十七日に若年寄・堀田正敦が高橋景保に調査を命じ、高橋景保は二日後の十一月二十九日に調査書を提出している。代官から勘定奉行へは四日間を要しているのに、以降は大至急となっている。この理由は何だろうか。至急となったことにより、高橋景保も急いで結論づけないとならなくなり、「火山の石である」という結論にしてしまったのではないだろうか。

勘定奉行の後、老中から若年寄への経過が明らかではないが、江戸市中の騒ぎを耳にした若年寄・堀田正敦がトップダウンで配下の天文方・高橋景保に至急で調査を命じたのかもしれない。ただし、堀田正敦のところまで「石の破片」が届けられているので、何らかの形で報告が上がっていたのであろう。

この時期、高橋景保は天文方の職務に加えて、天文方内に設置された外国語の翻訳機関、蛮書和解御用に任命されていた。さらに書物奉行も兼任していた。非常に多忙だったと考えられる。空から降ってきた石については興味があったかもしれないが、深く関わっている余裕はなかったのであろう。

江戸市中の騒ぎを早く静めたいと考えた堀田正敦と出所不明の石の問題を早く片づけたいと考えた高橋景保が「火山の石」という結論を考え出したのではないだろうか。

最後の記録

高橋景保の報告書以降、石の落下についての古文書は発見されていない。そして役所に集められた石の行方は不明である。

ただ、一つだけ、高橋景保の報告書以降の内容と考えられる記録がある。八王子在住の千人同心組頭の松本斗機蔵▲の自筆本『秋霞採録』に、当日の様子と高橋景保の報告書の内容が記載されている。

文化十四年十一月廿二日快晴やゝ暖気宿雪半ハ解未ノ初刻に至リ南天響キア

松本斗機蔵胤親　一七九三―一八四一年。八王子千人同心組頭。千人同心随一の学者と言われ、幕府の外国船打ち払い政策を憂慮し、海防についての意見書「献芹微衷」（天保八年（一八三七））を水戸中納言（徳川斉昭）に献上、外国船の打ち払いに慎重であるべきとする「上書」（天保九年（一八三八）十二月）を幕府に上申するなど、海外事情に詳しい開明派であった。千人同心組頭は半農半士の身分であるが、松本斗機蔵は見識を認められて、天保十二年（一八四一）に浦賀奉行所の与力に推挙される。しかし赴任しないまま同年九月十九日（旧暦）病没した。『秋霞採録』には、八王子隕石の記事の続きに、文政五年（一八二二）の日暈のことも記しているため、隕石落下後、情報を得る期間をあけて、少しあとに書かれたと考えられる。

リ雷声の如し仰ギ視るに惟、青天耳雲煙数片飛散す俄にして里人報ず上ノ原村在八王子八幡宿南金剛院後真言宗の畑に隕石ありと其地渦而三尺斗り穴広さ弐尺余隕石大サ弐尺足らす頗る長し色黒く質青白にて酷だ堅牢ならす手ニて砕キ易し

（文化十四年十一月二十二日、快晴、やや暖気。残っていた雪はなかば解けた。未ノ初刻（午後二時ころ）に南の空に音がした。雷鳴のようだ。仰ぎ見ると、晴天に小さい雲が数片飛んで行った。急に里人が上野原村（上野原宿）の金剛院の後ろの畑に隕石ありと報じた。その場所は地面三尺くらい埋まって、穴の広さ二尺あまり、隕石の大きさ二尺足らず、すこぶる長い。色は黒く、中は青白で、とても堅くなく、手でもたやすく砕ける。）

その続きで、「天文方高橋作左衛門隕石之儀申上候始末」という見出しで、般若院の話（Bの後段）と高橋作左衛門（景保）の最後の報告書（C）の内容を記載している。

去年十一月廿二日落石之儀ニ付左之書付之趣何者相知候義も可有哉之旨摂津守殿布施蔵之丞を以被仰聞候事　寅正月廿五日也

十一月頃▲之飛物出所知れ不申候処伊豆権現之山中より出候哉と申聞已ニ右別
当般若院出府家来咄ニ者殊之外之響キにて小僧抔ハ不覚三丁斗逃走り候程之
事之由樵夫なども権現の森之上より水へ飛候と申候由右般若院へ頼セ候へは
委しくせんさく致し可申候至而深キ山故直ニハ知兼可申与申候由

高橋作左衛門

去十一月落石之儀御尋之節何レ近国高山之内硫黄之蒸気ニて致飛散候石ニも
可有之追々出所風聞可有御座申上置候処別紙之趣ニ而は伊豆権現之山中より
蒸発仕候ニ相違御座有間敷奉存候世上ニ而者専ら空中より落候趣種々取沙汰
有之候へ共全く俗間之習ニて右様之義ハ理ニ於て決而無之儀ニ御座候尤彼地
ハ温泉有之硫黄多キ山中ニ御座候得は左も可有御座愚按と符合仕於私安心仕
候依之段申上候以上

寅正月

高橋作左衛門

漢字をひらがなに直したり、逆であったり、読点を省略したりしているが、内容は「雑事記」とほぼ同じである。

松本斗機蔵は高橋景保の満州語の弟子である。▲八王子在住の松本斗機蔵は石の

十一月頃 「雑事記」では「十月」となっているが、松本斗機蔵は「十一月」に直している。

松本斗機蔵は…… 上原久『高橋景保の研究』（講談社）によれば、「景保の他に満州語の読めた唯ひとりの人と考えられる」。

落下状況を高橋景保に報告したであろう。ただし、これが高橋景保の報告書作成の前であるか、後であるかはわからない。その後、景保は斗機蔵に報告書を見せ、斗機蔵は報告書を写したものと考えられる。

『秋霞採録』に記載の、落下当日の様子の部分は、『桑都日記』のように「石隕(いしお)つる」とは読ませずに、「隕石あり」「隕石大きさ」と「隕石」としている。ここから松本斗機蔵は、石は「隕石」と考えていたのではないか。

高橋景保は報告書で、一貫して「空から落ちてくる石ではなくて、火山の石」としているが、内心では「石は、古い書物に書かれている隕石ではないか？」と考えていたのではないか。景保と斗機蔵の間で隕石の話がなされ、その後、斗機蔵は『秋霞採録』を書いた。高橋景保と松本斗機蔵の間では、「隕石であろう」と考えられていたのではないだろうか。もしかすると、高橋景保と蘭学の仲間である堀田摂津守へも、「石は隕石であろう」という情報は通っていたかもしれない。しかし、幕府は表面上、何らかの理由があり、「火山の石」として一連の騒ぎを収める必要があったのであろう。

この『秋霞採録』の記録以降、八王子隕石のその後に関する江戸時代の古文書は現在のところ見つかっていない（文政六年（一八二三）の早稲田隕石の記載には現れるのだが、八王子隕石の出所などに触れている内容はない）。

六▶忘却と再発見

隕石が落ちた八王子十五宿は甲州街道の宿場町で、常に変化がある場所であった。二章で取りあげた石川家の『石川日記』には、「八王子へ石降ル」の記事のほかに「行き倒れ」や小仏関所の「関所破り」などの事件が記されている。

そして石の落下後、四十年ほどたつと、幕末の動乱に巻き込まれることになる。

幕末の動乱、大火、空襲

安政六年（一八五九）に横浜港が開港されると、外国人遊歩規定が定められ、横浜から十里の八王子も遊歩地域に含まれて、外国人がやって来ることになる。外国人遊歩地域の八王子の西端は小仏関所なのだが、関所を破って高尾山に登る外国人も現れる。

元治二年（一八六五）四月、外国人が村までやって来たことが『石川日記』に記されている。

「唐人二名が馬に乗り、川原宿まで来た。この道筋、唐人は初めてだったので、女子供に至るまで村の者が見物に来た。唐人が来るのは珍しい」

川原宿　現在の八王子市高尾町の一部。ＪＲ高尾駅近くの甲州街道ぞい。石川家がある原宿（八王子市東浅川町）より西。

また、外国人も八王子まで来た時のことを記している。やって来たのはドイツ人のシュリーマン（一八二二—九〇）、後にトロイアの遺跡を発掘したことで有名な人物である。

シュリーマンは一八六五年六月から約一カ月間の日本訪問の間に八王子を訪れている。このことは『シュリーマン旅行記 清国・日本』に記されている。「横浜滞在中、あちらこちらに遠出をしたが、とくに興味深かったものに、絹の生産地である大きな手工芸の町八王子へイギリス人六人と連れ立って行った旅がある」（石井和子訳、講談社学術文庫、一〇三—一〇九頁）。

慶応元年五月二十五日（一八六五年六月十八日）の午後、シュリーマン一行は雨の中、馬で横浜を出発。町田で一泊する。翌日六月十九日もどしゃ降りの雨の中、十時半に町田を出発し、午後一時近くに八王子に到着。夕方五時ころまで八王子に滞在した。「家々は木造二階建てで、時折見かける耐火性の「練り土」の家は銀行か役所であった。たいていの家に絹の手織機があり、絹織物の店を出している。／道幅二十六m、約一マイル（二㎞）近くもつづく大通りにそって、ところどころに車井戸がある。［中略］／しのつく雨のせいで思うように町を見ることはできなかった」と記されている。そして午後七時に町田に帰着している。

慶応四年（一八六八）三月、新選組の近藤勇、土方歳三らが率いる甲陽鎮撫隊は甲府城を目指し、二日、府中宿を出発し、日野宿の名主・佐藤彦五郎（佐藤彦五郎は土方歳三の姉の夫）宅で休憩。一行は昼頃に八王子に到着した。『石川日記』には歓迎ぶりが記されている。

慶応四年三月ノ事
甲州戦争の準備
日野町佐藤家を出発した新選組の甲州鎮撫隊は意気揚々たるものであって、近藤勇ハ副隊長の土方歳三と共に六百人ばかりの同勢随ヘテ大和田橋より八王子に乗り込んだのが正午近くであったが、付近界隈の老若男女は近藤勇先生が甲州へ攻上ると聞いて、三里四里の道を遠しともせないで態々見物ニやってきたので沿道の両側は人垣を築いた。八王子には多くの弟子があったので勇先生の門出を祝するもの夥しく［後略］

一方、甲州街道を江戸へ向かう新政府軍は、三月四日、甲陽鎮撫隊より早く甲府城に到着した。甲府城を先に占拠されてしまった甲陽鎮撫隊は、三月六日、甲州勝沼で戦うが、敗れて散り散りに江戸へ逃げ帰る。『石川日記』には、

八日晴天　鎮撫隊或ハ歩兵隊甲州道中勝沼辺ニ而戦候而逃去候而江戸表江下り相成候［後略］

（八日晴天　鎮撫隊あるいは歩兵隊は甲州街道の勝沼あたりで戦い、逃げ去って、江戸へ下ることになった。）

追うように新政府軍が江戸へ向かって続々と通って行く。『石川日記』には、「九日晴天　此日上方軍勢下る／十日曇天　此日ニも多分軍勢下る／十一日天気　此日多分軍勢鉄砲持参ニ而下る／十三日天気　此日上方軍勢八王子表ヲ出立／十四日天気　此日千人町江上方軍勢随ひ血印致申候」とある。千人町では幕府方である千人隊が新政府軍に対して恭順か、非恭順かを迫られることになる。その結果、旗本・千人頭は連名で「徳川家に対しての寛大な処分を願う嘆願書」を提出し、恭順した。十四日の「血印」がこのことなのであろう。

恭順した千人隊であったが、内部ではまだ恭順、非恭順で揺れていた。そして千人隊の中から彰義隊に加わる者が出てくる。

五月十五日には新政府軍は上野の彰義隊に向けて総攻撃をかけ、戦いは一日で終結する。『石川日記』の五月二十三日には、後筆として、「千人隊之内ニ而モ脱走致東京上野戦争へ出陣シタル者モ候へ共武器捨皆逃テ帰ル」と記されている。

図14　写真「空襲で焼けた八王子」

幕末の動乱は徐々に収束していくが、このように八王子宿は常に旅人が行き来し、大なり小なり、さまざまな事件が発生した。不思議な石の落下については、「わけのわからない石に、いつまでも関わっているヒマはない」というのが正直なところだったのではないだろうか。

それでも、八王子には、まだまだ多くの記録が残されていたと考えられる。こっそりと出回っていた石の破片が保存されて、忘れられたままになっていたかもしれない。

明治三十年（一八九七）四月二十二日、八王子の市街地（旧八王子十五宿）は大火災に見舞われ、市街地の約六割が焼けた。この八王子大火、明治の大火と呼ばれている火災で多くの記録が焼失したに違いない。さらに昭和二十年八月二日未明、八王子はアメリカ軍の空襲を受ける。八王子の市街地の約八割が焼け野原となるのである（図14）。こうして八王子での記録は焼失し、石が残されていたかどうかも、まったくわからなくなってしまったのである。

このように石が降ったことは徐々に忘れられ、現在では全く忘れられてしまったのである。多くの古文書に記されている、最も大きいと考えられる隕石が落ちた場所、上野町の金剛院の裏の麦畑の場所も伝わっていない。名主のところに届けられた大量の石はどうなったのだろうか。

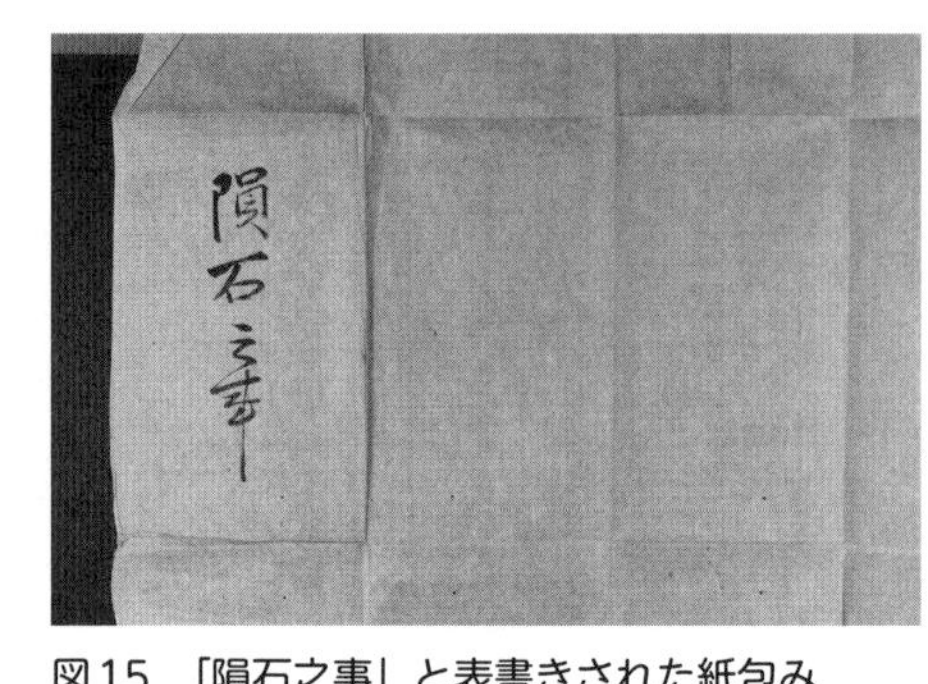

図15　「隕石之事」と表書きされた紙包み

図16　直径約5mmの八王子隕石

土御門家の古文書

忘れ去られていた八王子に落ちた隕石は百年以上を経て、思わぬところから発見される。昭和年代になって、京都の土御門家の古文書の中から八王子隕石の破片が発見されたのである。

土御門家は公家で、陰陽道、天文道、暦道で朝廷に仕え、陰陽頭、天文博士、暦博士などを務めた。平安時代の安倍晴明の子孫である。

隕石の破片は、おもてに「隕石之事」と書かれた紙包み（図15）の中に入っていた。

紙包みの中には次の四つのものが入っていた。

（一）隕石の破片
（二）八王子隕石と書かれた書付
（三）重さが書かれた紙片
（四）曽根隕石のことが書かれた書付

それぞれについて考察してみよう。

（一）　隕石の破片

直径約五㎜の破片は唯一残されている八王子隕石である（図16）。国立科学博物館の村山定男氏によって分析され、宇宙からやってきた石質隕石であることがわかっている。また二〇一七年にも、八王子隕石落下二百年に合わせて、最新の技術で分析され、H５タイプの隕石であることがわかっている。▲

二〇一七年にも……　国立極地研究所ほか「〝八王子隕石〟とされる隕石を初めて詳細に分析」、二〇一七年十二月二十八日付（国立極地研究所ホームページ「研究成果」）

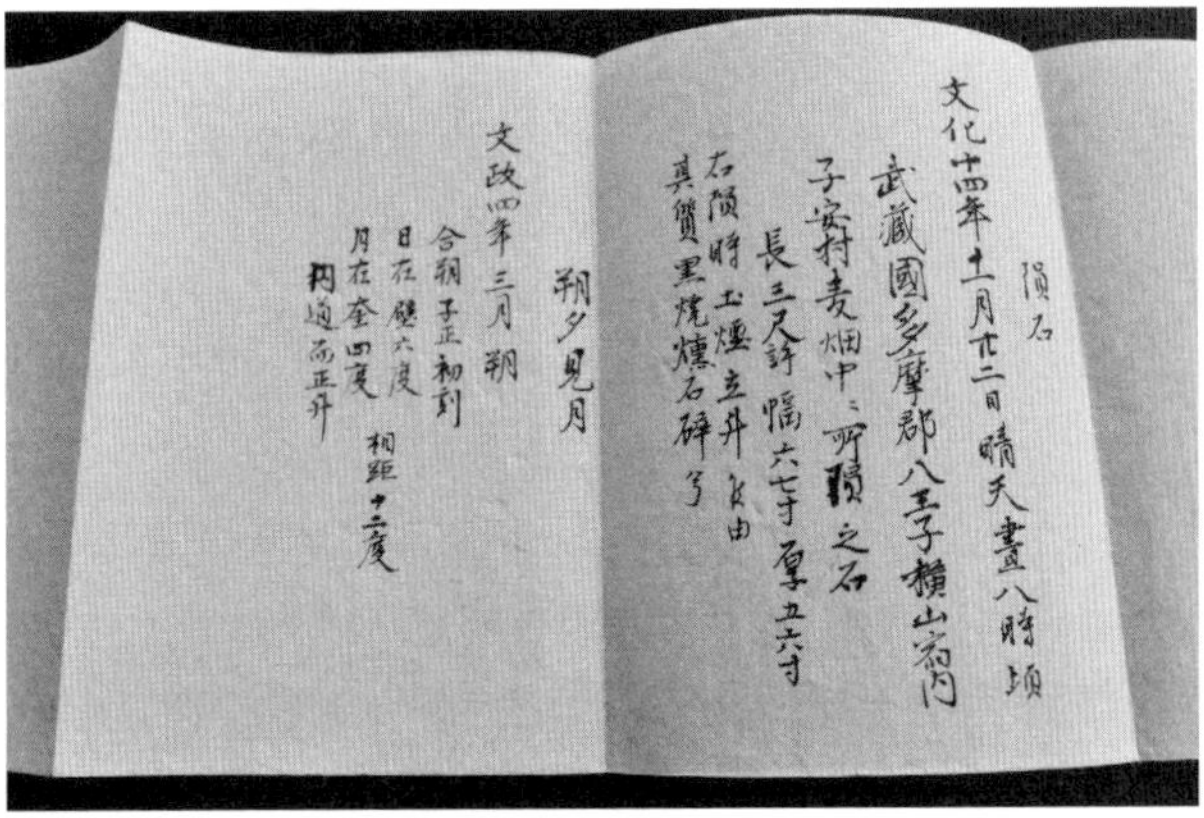

（二）　八王子隕石と書かれた書付（図17）

書付の右側には八王子に落ちた隕石についての概要が書かれている。この隕石は上野町の金剛院の裏の麦畑に落ちた隕石のことである。

隕石
文化十四年十一月廿二日晴天昼八時頃
武蔵国多摩郡八王子横山宿内
子安村麦畑中ニ所隕之石
長三尺許　幅六七寸　厚五六寸
右隕時土煙立昇候由
其質黒焼燻石砕兮

左側は文政四年の新月の日に月が見えたという記事である。

朔夕見月

図17　「隕石」と「朔夕見月」の書付

図18　重さが書かれた紙片

九八十匁……　匁は三・七五g（五円玉の重さ）、貫は三・七五kg。「九八十匁」を九百八十匁とすれば、三・六七五kg、「七拾八貫」は、二九二・五kg、「六百六十四匁」は、二・四九kg。

文政四年三月朔
　合朔子正初刻
　日在壁六度
　月在奎四度　　相距十二度
　　内道而正昇

（朔日の夕方に月が見えた。文政四年三月朔（一八二一年四月三日）、新月は午前〇時の初刻、太陽は壁六度にあり、月は奎四度にあり、離角は一二度、（以下不明））

合朔は新月のこと。子正（または正子）は現在の午前〇時。子の刻は午後十一時から午前一時で、「子の初刻」ならば午後十一時となる。しかし、この例は、「午前〇時の初刻」なので、午前〇時となるのかどうか不明である。

壁、奎は中国の星座「二十八宿」のうちの隣どうしの二つ。「太陽の位置はペガスス座とアンドロメダ座あたり（壁）、月の位置は少し東側のアンドロメダ座というお座あたりで（奎）、一二度（約一日弱動く分）離れている」という意味になる。最後の「内道而正昇」は解釈ができていない。

誰がこの書付を書いたのか不明である。また、なぜ四年を隔てた記事が一緒に書かれているのかも不明である。

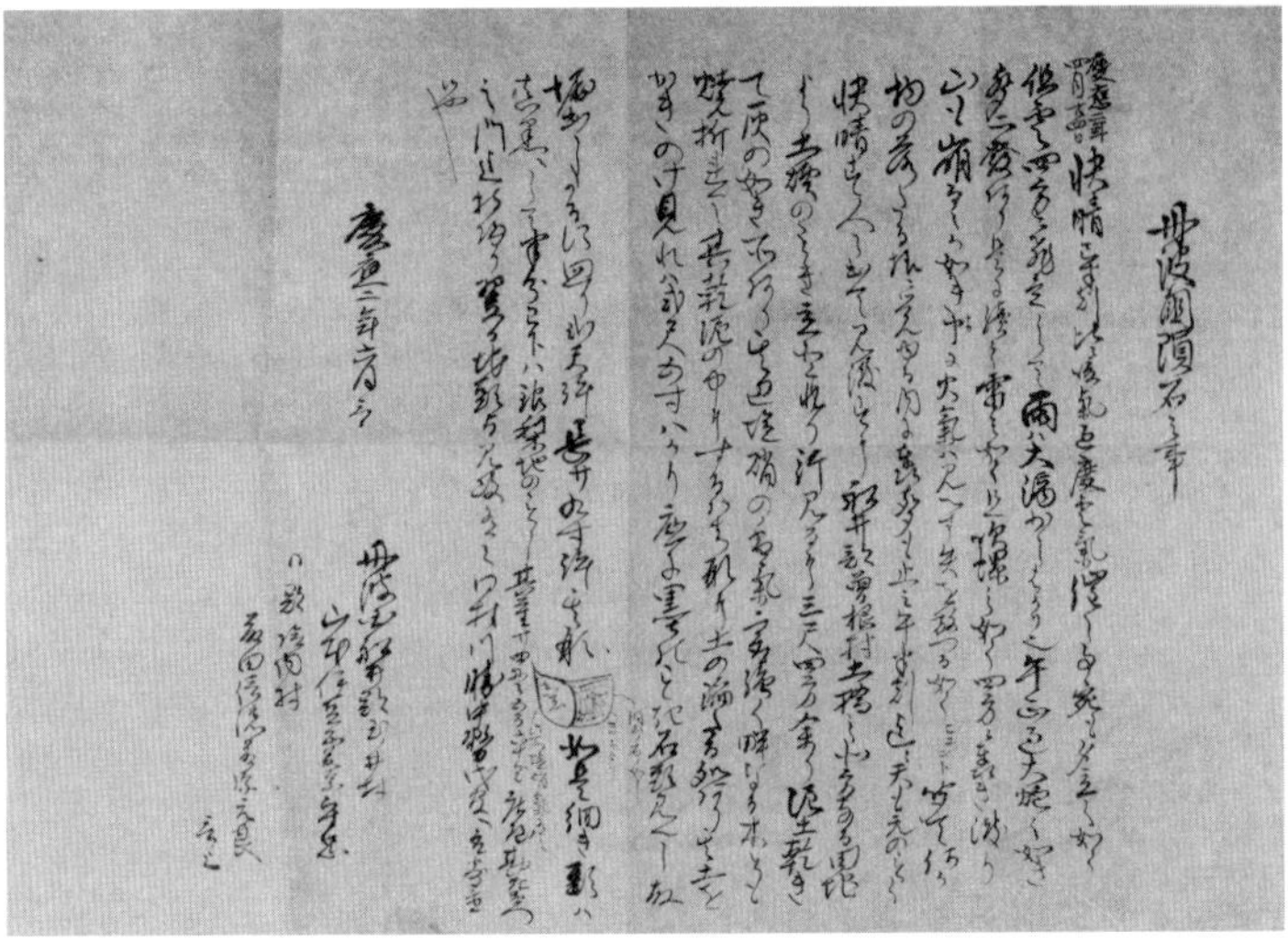

注目すべきは、紙についたへこんだ隕石の跡である。数カ所のへこんだ跡が確認でき、紙包みの中で、この（二）の書付の中に、（一）の隕石の破片が古文書調査で発見されるまで長年包まれていたことがわかる。

（三）　重さが書かれた紙片（図18）

「九八十匁　外　七拾八貫六百六十四匁▲」と書かれている。何の重さを書いたのか、誰が書いたのか、不明である。意味は、「三・六七五kg、ほか、二九四・九九kg」となる。最初の「九八十匁」は届出書と一緒に江戸へ送った隕石で、「ほかに七拾八貫六百六十四匁ありました」という意味と想像することもできる。

（四）　曽根隕石のことが書かれた書付（図19）

丹波国隕石之事

慶応二年四月廿四日　快晴巳半刻頃ニ暖気過度雲気催之事宛も夕立之如く但雲四方ニ飛走して雨ハ大滴少しばかり也、午正過大炮之如き声二発あり、是に続て雷之如く、且吹螺之如く四方ニ轟き渡り山も崩るゝの如き中に火気ハ見へず、矢を放つる如くヒュント聞て何か物の落たる様ニ覚ゆる内に轟

図19　曽根隕石のことが書かれた書付

声も止ミ、午半刻迄ニ天も元のごとく快晴す、人々出て見渡すに船井郡曽根村土橋之北方なる田地より土煙のごとく立登れり、行見るに三尺四方余り泥土乾きて灰の如き所あり、其辺塩硝の香気最強く畔なる木とも焼折れて、其乾泥の中にするばち形に土の陥たる処あり、其土をかきのけ見れバ弐尺五寸ハかり底に墨のごとき石頭見へし故堀出したるに□［不明］廻り弐尺許、長サ九寸許、其形［図あり］如是、佪き頭ハ真黒ニして半分已下ハ銀梨地のごとし、其重サ四貫五百六十匁、庄屋勘左衛門之門迄持帰り、翌日地頭より見改有之、同村川勝中務代官へ取寄置候也

慶応二年六月三日

丹波国船井郡玉ノ井村
山本伊豆正藤原守忠
同郡院内村
藤田信濃藤原元良

言上

（丹波国隕石の事／慶応二年四月二十四日　快晴、巳半刻ころ（午前十一時ころ）暖気が過ぎて雲気を催すこと、あたかも夕立のように雲が四方に飛んで、雨は大粒のものが少しばかり、正午過ぎ大砲のような音が二回した。続けて雷のように、かつ法螺貝のように四方にとどろき渡り、山も崩れるような中、しかし火気（電光）は見えず、矢を放つときのようにヒュンと聞こえて何か物が落ちたように思ううちに、轟声も止み、午半刻（午後一時ころ）までに空も元のように快晴となった。人々が出て来て見

渡すに、船井郡曽根村土橋の北方の田地より土煙のように立ち昇っていました。行って見ると三尺四方余りの泥土が乾いて、灰のような所があり、そのあたり塩硝（煙硝）の臭いが最も強く、近くに木も焼け折れており、その泥が乾いた中にすりばち状に土がへこんだ所があり、その土をかきのけて見れば、二尺五寸ばかりの底に墨のような石の頭が見えたので、掘り出したところ、まわり二尺あまり、長さ九寸あまり、その形は図のようで、丸い頭は真黒で半分已下ハ銀梨地のよう。その重さ四貫五百六十匁（一七・一kg）。庄屋の勘左衛門の門まで持ち帰り、翌日地頭より見改めあり。同村川勝中務代官へ取り寄せておいた。／慶応二年六月三日　丹波国船井郡玉ノ井村山本伊豆正藤原守忠／同郡院内村　藤田信濃藤原元良／言上します）

慶応二年四月二十四日（一八六六年六月七日）丹波国曽根（現在の京都府船井郡京丹波町）に落ちた隕石の書付である。送り主の山本氏と藤田氏は土御門家配下の陰陽師と考えられている。八王子隕石の落下は一八一七年、曽根隕石は一八六六年なので、八王子隕石落下の四十九年後のことである。

曽根隕石は日本で九番目に古い隕石の落下である。八王子隕石と同じ種類の石質隕石で、国立科学博物館の「日本の隕石リスト」でも総重量一七・一kgと記載されており、書付の四貫五百六十匁と重さが一致する。隕石は、現在は国立科学博物館で展示されている。

　この書付が（一）の隕石の破片と同じ紙包みに入っていたため、村山定男氏は本書「はじめに」で紹介した「150年前の隕石雨」の中で、「隕石の破片は曽根隕石である可能性も残されている」としている。

　二〇一七年に八王子隕石が分析された際に曽根隕石も分析された（八七頁上欄注参照）。結果はどちらも「普通コンドライトＨ５タイプで、Ｘ線分析、希ガス組成、宇宙線照射年代でも、違いはほとんど見つからなかった。またＨ５タイプは全隕石の約18％を占め、最も多い種類の隕石で、たまたま同じタイプの隕石であった可能性もある」という結果となった。

誰が土御門家に送ったか

　以上、紙包みの中の四点の内容から、誰が八王子隕石の破片を京都の土御門家へ送ったのかを推理してみよう。

　まず、八王子隕石と書かれた書付の左側の「朔夕見月」の記事。文政四年三月朔日の夕方に新月の日に月が見えたということは非常に稀なことで、天気が相当に良く、かつ、この月齢の月を発見できるのは熟練の観測者である。望遠鏡も必要だったであろう。▲旧暦では新月の日が朔日（ついたち）であるので、新月の日に月が見えた

朔日の夕方に……　新月直後の月は細いうえに太陽に近くて見つけにくいため、日没直後に月を待ち構えていなければ、月もすぐ沈んでしまうため見えなくなってしまう。このような月を探すことができるのは熟練した観測者である。

ということは、「もしかすると暦がずれているのではないか」と注目したと考えられる。

文政四年三月朔日（一八二一年四月三日）、現在の月齢計算によると、月齢〇・〇はこの日の午前〇時十四分なので、暦はずれていなかった。この日の江戸での日没の時刻は十八時四分、月没の時刻は十八時五十六分で五十二分の差がある。十九時の月齢は〇・八である。天気などの条件が非常に良ければ、日没三十分後くらいに西の低い空に、とても細い月を見ることができたであろう。

この観測をしたのは誰なのか。これが、隕石の破片を京都の土御門家へ送った人であろう。

考えられるのは、まず幕府天文方である。天文方の高橋景保は若年寄・堀田正敦から隕石の破片を下げ渡されている。この一部を削り、書付とともに京都の土御門家へ送ったと考えられる。ただし、送ったのは左側の記事のとおり、文政四年以降のことになる。なぜ四年間待っていたのかが不明である。

二つ目は京都の土御門家である。村山定男氏も「曽根隕石の破片は近い京都の土御門家の手に入りやすかったのではないか」と考察している。隕石の破片が曽根隕石とすれば、曽根隕石の書付とつながるが、江戸での八王子隕石の記事と京で観測された新月の日の月の記事、四年を隔てた二つの記事が、なぜ（二）の一

土御門家の……　岩橋清美・北井礼三郎・玉澤春史「安政五年ドナティ彗星観測にみる土御門家の天文観測技術に関する一考察」。(『Stars and Galaxies』第五巻、兵庫県立大学自然環境科学研究所天文科学センター、二〇二二年)。

枚の紙に書かれているのか。江戸からもたらされた八王子隕石の情報と京都の土御門家で観測された月の記事は一枚にする必要はなかったのではないか。また、隕石の破片をなぜ（四）の曽根隕石の書付の間に入れずに、（二）の八王子隕石の書付の間に入れたのか。さまざまな疑問も発生する。

土御門家の観測技術については、幕末に地球に接近した彗星の位置観測で、天文方よりも精度が高かったという研究▲がある。

三つ目は江戸の土御門家江戸役所である。土御門家では江戸役所を置いて幕府の行事では祈禱を行い、関東の配下の陰陽師の管理などを行ってきた。配下の陰陽師から観測器具の修理の名目で集金も行っている（林淳『近世陰陽道の研究』）。八王子隕石の破片は役所ルートとして、八王子の名主から江戸の代官、上役の勘定奉行、そして若年寄の堀田正敦から天文方の高橋景保へ渡っているが、民間ルートでも、八王子の川口陜山から内緒として江戸の谷文晁に送られた（『我衣』）ように、流通していたことがわかる。土御門家江戸役所が独自に入手していたのではないだろうか。

細い月が見える条件として、当日の天気がある。月齢〇・八は日没時に地平線に非常に近いため、天気が相当良くないと見ることができない。天気から文政四年三月朔日（一八二一年四月三日）の細い月は、江戸、京、どちらで見えたのかを

歴史天候データベース・オン・ザ・ウェブ　日本各地の古記録から過去の天気情報をデータベース化したもの。各地点で複数の記録があり、同じ日でも「良い天気」「悪い天気」として表現している。四月三日は、京都は「良い天気」では「曇」、「悪い天気」では「雨」であった。東京（江戸）は「良い天気」「悪い天気」とも「晴」である。

考えると、歴史天候データベース・オン・ザ・ウェブ▲より、四月三日の関西は天気が悪く、関東は天気が良い。そうなると、地平線近くの月齢〇・八の月は関西で観測するのは難しいであろう。この観測情報は江戸である可能性が高い。月齢〇・八の月の観測は江戸の幕府天文方、または土御門家の江戸役所。そうなると隕石の破片はやはり江戸市中に出回っていた八王子隕石の破片ではないだろうか。

土御門家江戸役所で、八王子隕石の記事と四年を隔てた月齢〇・八の月の観測が、なぜか不明だが一枚の紙に書かれ、そしてそこに隕石の破片が挟まれて京都の土御門家へ送られ、四十九年後に落下して、土御門家に届いた曽根隕石の書付と一緒に紙包みにまとめられて、「隕石之事」という表題が付された、と推理するわけである。

この土御門家文書がどのような文書の束とともに発見されたかなど詳細が不明であり、引き続きこの文書の出所を調査したい。

本書では、古文書の記載から隕石落下の状況を分析してきたが、当時、日記や随筆に隕石のことを書いた人のほとんどは、石が宇宙から落ちてきたものであることがわかっていない。しかしながら、的確な表現で隕石の外見や衝撃波などが記録されており驚かされる。そして古文書の記載がつながって落下の全容がわかってきた。それでも古文書と古文書の間の不明な部分は想像力を働かせるしかなく、二百年の歳月は非常に遠いとつくづく感じる。

八王子隕石に関する古文書は、この先も発見される可能性がある。新たな古文書が発見されれば、本書の内容は覆されることになるかもしれないが、飛行経路や分裂地点、衝撃波の状況など、さらに真実に近づくことができる。新たな古文書の記載をさがすとともに、一八一七年から、そのまま地元に落ちたままになっているかもしれない隕石を何とかして見つけ出したい。

おわりに

隕石が宇宙からやってくることを初めて提唱したのはドイツの天文学者クラドニで、これは八王子隕石の落下の少し前の一七九四年のことだった。けれどこの時、他の学者はこの説を認めなかった。八王子隕石についても同様で、当時の社会事情もあったのであろう、「火山の噴火」という幕府の調査結果になってしまったが、そうなってもやむを得ない状況であったと考える。「火山の噴火」とされたからかどうかはわからないが、役所に集められたであろう大量の「不思議な石」は顧みられることなく、すっかり忘れ去られてしまい、行方も不明である。

そのなかで松本斗機蔵や高橋景保は隕石が空（宇宙）から落ちてくることがわかっていたようだ。彼らが早くに亡くなってしまったのは残念なことで、その時に処分されてしまった資料や隕石実物もあったかもしれない。高橋景保はシーボルトと交流があったことにより、結果、獄死することになってしまった。シーボルトは植物研究で有名であるが、日本では岩石も蒐集していた。高橋景保からシーボルトへ隕石の破片を渡していなかっただろうか。今後はこれらの可能性も踏まえて調査の範囲を広げたいと考えている。

そして、隕石の落下は過去の話ではなく、地球は常に天体落下の脅威にさらされている。八王子隕石の場合は人的・物的被害は出なかったようである。しかし、家が建てこんだ現在の八王子に同規模の隕石が落下した場合は、家屋は相当の被害を受け、人的被害も出るかもしれない。

隕石の落下については「天体の落下から地球を守るスペースガード」という観点で考えることが必要となってきている。現在では世界各国で地球に衝突する恐れのある天体の監視が行われている。国際天文学連合小惑星センターのホームページによると、地球軌道に接近する軌道を持つ小惑星で発見されているものは三万三千個を超え、増えつづけている（令和五年（二〇二三）十月現在）。研究者によると、発見されていない小惑星がまだたくさんあるということである。観測精度が上がり、地球に落ちてくる前、火球になる前の、宇宙空間を飛んでいるうちに落下天体が観測される場合も出てきた。またアメリカ航空宇宙局NASAでは二〇二二年に、小惑星に探査機を衝突させて小惑星の軌道を変えるという実験にも成功した。しかし落下してくる天体を確実に防ぐ手立てはまだない。八王子隕石の落下例からスペースガードについても考えていただければ幸いである。

あとがき

本研究は、大学共同利用機関法人人間文化研究機構国文学研究資料館「日本語の歴史的典籍の国際共同研究ネットワーク構築計画」の異分野融合研究「星石4Dプロジェクト（隕石関係）」（二〇二〇年度〜二〇二三年度）における研究成果の一部である。

八王子隕石の落下について考察するにあたり、様々な観点から数々の助言をいただいた星石4Dプロジェクトのメンバーの皆様には御礼を申し上げます。

代表　片岡龍峰　国立極地研究所准教授
　　　山本和明　国文学研究資料館教授
　　　山口亮　国立極地研究所准教授
　　　米田成一　国立科学博物館理工学研究部長
　　　白井直樹　神奈川大学准教授
　　　岡崎隆司　九州大学准教授
　　　宮原ひろ子　武蔵野美術大学教授
　　　竹之内惇志　京都大学総合博物館助教

加藤典子　八王子市郷土資料館学芸員
藤原康徳　日本流星研究会会員

八王子隕石が記載されている古文書の調査・発見に協力をしていただいた長尾敏博氏には御礼を申し上げます。

表　日本の隕石リスト

国立科学博物館のホームページから ※2023年3月23日現在

	名前		落下（発見）場所	年月日		種類	総重量（kg）	個数
球粒隕石								
1	直方	Nogata	福岡県直方市	861/5/19（貞観3年）	落下	L6	0.472	1
2	南野	Minamino	愛知県名古屋市南区	1632/9/27（寛永9年）	落下	L	1.04	1
3	笹ケ瀬	Sasagase	静岡県浜松市東区篠ヶ瀬町	1704/2/16（元禄17年）	落下	H	0.695	1
4	小城	Ogi	佐賀県小城市	1741/6/8（寛保元年）	落下	H6	14.3	4
5	八王子	Hachi-oji	東京都八王子市	1817/12/29（文化14年）	落下	H?	?	多数
6	米納津	Yonozu	新潟県燕市	1837/7/13（天保8年）	落下	H4-5	31.65	1
7	気仙	Kesen	岩手県陸前高田市気仙町	1850/6/13（嘉永3年）	落下	H4	135	1
8	曽根	Sone	京都府船井郡京丹波町	1866/6/7（慶応2年）	落下	H5	17.1	1
9	大富	Otomi	山形県東根市	1867/5/24（慶応3年）	落下	H	6.51	1
10	竹内	Takenouchi	兵庫県朝来市	1880/2/18	落下	H5	0.72	1+1?
11	福富	Fukutomi	佐賀県杵島郡白石町	1882/3/19	落下	L4-5	16.75	3
12	薩摩（九州）	Satsuma（Kyushu）	鹿児島県伊佐市	1886/10/26	落下	L6	>46.5	>10
13	仁保	Nio	山口県山口市仁保	1897/8/8	落下	H3-4	0.467	3
14	東公園	Higashi-koen	福岡市博多区東公園	1897/8/11	落下	H5	0.75	1
15	仙北	Senboku	秋田県大仙市	1900年以前（1993確認）	落下	H6	0.866	1
16	越谷	Koshigaya	埼玉県越谷市	1902/3/8	落下	L4	4.05	1
17	神崎	Kanzaki	佐賀県神埼市	1905以前	発見	H	0.124	1
18	木島	Kijima	長野県飯山市木島	1906/6/15	落下	E6	0.331	2
19	美濃（岐阜）	Mino（Gifu）	岐阜県岐阜市、美濃市、関市、山県市	1909/7/24	落下	L6	14.29	29
20	羽島	Hashima	岐阜県羽島市上中町	1910年頃（明治後期）	落下	H4	1.11	1
21	神大実	Kamiomi	茨城県坂東市	1915年頃	落下	H5	0.448	1
22	富田	Tomita	岡山県倉敷市	1916/4/13	落下	L	0.6	1
23	田根	Tane	滋賀県長浜市	1918/1/25	落下	L5	0.906	2
24	櫛池	Kushiike	新潟県上越市	1920/9/16	落下	?	4.5	1
25	白岩	Shiraiwa	秋田県仙北市	1920年	発見	H4	0.95	1
26	神岡	kamioka	秋田県大仙市	1921-1949の間	落下	H4	0.03	1
27	長井	Nagai	山形県長井市	1922/5/30	落下	L6	1.81	1

	名前		落下（発見）場所	年月日		種類	総重量（kg）	個数
28	沼貝	Numakai	北海道美唄市 光珠内町	1925/9/4	落下	H4	0.363	1
29	笠松	Kasamatsu	岐阜県羽島郡笠松町	1938/3/31	落下	H	0.71	1
30	岡部	Okabe	埼玉県深谷市	1958/11/26	落下	H5	0.194	1
31	芝山	Shibayama	千葉県山武郡芝山町	1969/4	発見	L6	0.235	1
32	青森	Aomori	青森県青森市松森	1984/6/30	落下	L6	0.32	1
33	富谷	Tomiya	宮城県黒川郡富谷町	1984/8/22	落下	H4-5	0.0275	2
34	狭山	Sayama	埼玉県狭山市柏原	1986/4/29頃	落下	C2	0.43	1
35	国分寺	Kokubunji	香川県高松市及び 坂出市	1986/7/29	落下	L6	約 11.51	多数
36	田原	Tahara	愛知県田原市	1991/3/26	落下	H5	>10	1
37	美保関	Mihonoseki	島根県松江市	1992/12/10	落下	L6	6.385	1
38	根上	Neagari	石川県能美市	1995/2/18	落下	L6	約0.42	1
39	つくば	Tsukuba	茨城県つくば市、 牛久市、土浦市	1996/1/7	落下	H5-6	約0.8	23
40	十和田	Towada	青森県十和田市	1997/4	発見	H6	0.0535	1
41	神戸	Kobe	兵庫県神戸市北区	1999/9/26	落下	C4	0.135	1
42	広島	Hiroshima	広島県広島市安佐南区	2003/2/1-3 の間	落下	H5	0.414	1
43	小牧	Komaki	愛知県小牧市	2018/9/26	落下	L6	約0.65	1
44	習志野	Narashino	千葉県習志野市、 船橋市	2020/7/2	落下	H5	約0.36	3
				鉄隕石				
1	福江	Fukue	長崎県五島市	1849/1	落下	オクタヘ ドライト	0.008	1
2	田上 （田上山）	Tanakami (Tanokami Mountain)	滋賀県大津市	1885	発見	IIIE	174	1
3	白萩	Shirahagi	富山県中新川郡上市町	1890	発見	IVA	33.61	2
4	岡野	Okano	兵庫県篠山市	1904/4/7	落下	IIA	4.74	1
5	天童	Tendo	山形県天童市	1910頃 （1977年確認）	発見	IIIA	10.1	1
6	坂内	Sakauchi	岐阜県揖斐郡 揖斐川町	1913	発見	ヘキサヘ ドライト？	4.18	1
7	駒込	Komagome	東京都文京区本駒込	1926/4/18	落下	鉄隕石	0.238	1
8	玖珂	Kuga	山口県岩国市	1938	発見	IIIB	5.6	1
9	長良	Nagara	岐阜県岐阜市長良	2012	発見	IAB	16.2	2
				石鉄隕石				
1	在所	Zaisho	高知県香美市	1898/2/1	落下	パラサイト	0.33	1

掲載図版一覧

図１　『猿著聞集』文政11年11月刊本　個人蔵

図２・５・７・10・11・13　筆者制作地図・概念図

図３　『県居井蛙録』　府中市郷土の森博物館蔵、図版提供：同館

図４　『石川日記』　石川家蔵、図版提供：八王子市郷土資料館

図６　『桑都日記』　極楽寺蔵、図版提供：八王子市郷土資料館

図８　『視聴草』　国立公文書館内閣文庫蔵

図９　『里正日誌』　個人蔵

図12　『雑事記』　国立公文書館内閣文庫蔵

図14　写真「空襲で焼けた八王子」　八王子市郷土資料館蔵

図15　「隕石之事」と表書きされた紙包み　国立科学博物館蔵

図16　直径約5mm の八王子隕石　国立科学博物館蔵

図17　「隕石」と「朔夕見月」の書付　国立科学博物館蔵

図18　重さが書かれた紙片　国立科学博物館蔵

図19　曽根隕石のことが書かれた書付　国立科学博物館蔵

森 融（もりとおる）
1959年、大阪府生まれ。1983年、八王子市役所入庁。以降、八王子市こども科学館、八王子市郷土資料館、八王子市文化財課に勤務。2007年から八王子市こども科学館勤務。

【お問い合わせ】
本書の内容に関するお問い合わせは
弊社お問い合わせフォームをご利用ください。
https://www.heibonsha.co.jp/contact/

ブックレット〈書物をひらく〉30
八王子に隕（お）ちた星
——古文書で探る忘れられた隕石
2023年11月15日　初版第1刷発行

著者　森 融
発行者　下中順平
発行所　株式会社平凡社
〒101-0051　東京都千代田区神田神保町3-29
電話　03-3230-6573（営業）
装丁　中山銀士
DTP　中山デザイン事務所（金子暁仁）
印刷　株式会社東京印書館
製本　大口製本印刷株式会社

ISBN978-4-582-36470-5

平凡社ホームページ https://www.heibonsha.co.jp/